新世纪

高等教育
计算机类课程规划教材

.NET 程序设计（C#）实验50例

.NET CHENGXU SHEJI (C#) SHIYAN WUSHILI

主 编 陈明华 李正夫
副主编 周 慧 苗 强 林跃进

大连理工大学出版社
东 软 电 子 出 版 社

图书在版编目(CIP)数据

.NET 程序设计(C#)实验 50 例 / 陈明华,李正夫主编. —大连:大连理工大学出版社,2011.12
高等教育计算机类课程规划教材
ISBN 978-7-5611-6649-9

Ⅰ.①N… Ⅱ.①陈… ②李… Ⅲ.①网页制作工具—程序设计—高等学校—教材 Ⅳ.①TP393.092

中国版本图书馆 CIP 数据核字(2011)第 258246 号

大连理工大学出版社出版
东软电子出版社出版
地址:大连市软件园路 80 号　邮政编码:116023
发行:0411-84708842　邮购:0411-84703636　传真:0411-84701466
E-mail:dutp@dutp.cn　URL:http://www.dutp.cn
大连美跃彩色印刷有限公司印刷　大连理工大学出版社发行

幅面尺寸:185mm×260mm　印张:10.5　字数:241 千字
印数:1～2000
2011 年 12 月第 1 版　2011 年 12 月第 1 次印刷

责任编辑:潘弘喆　武映峰　责任校对:董珺璞
封面设计:张　莹

ISBN 978-7-5611-6649-9　定　价:24.00 元

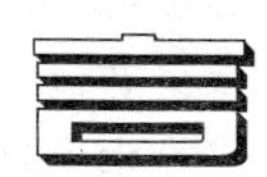

前　言

自 2000 年 6 月 Microsoft 公司推出.NET 以来，已有 10 余年的时间；其开发工具也从 Visual Studio 2003 升级到 2008（目前已发布的正式版本），C＃是专门应用于.NET 的一种面向对象的程序设计语言。本书所有实验均基于最新的开发工具 Visual Studio 2008，并以 C＃为开发语言编写，符合学习.NET 技术的最新要求。

本书内容：

书中实验围绕 C＃语言和基于.NET 的 Windows 应用程序开发编写，全书共包含实验 50 个，分属 4 个篇章：基本语法篇、面向对象基础篇、面向对象进阶篇，以及 Windows 应用程序开发篇。

前三部分的实验帮助读者循序渐进地掌握 C＃语言。基本语法篇包括实验 20 个，介绍了环境的安装、控制台应用程序的创建方法，以及 C＃语言中最基础的内容，如数据类型、表达式、常用的控制语句、常见的自定义数据类型（枚举、结构和数组等），以及函数等的语法和应用；面向对象基础篇和面向对象进阶篇介绍 C＃语言中与面向对象相关的语法知识及使用方法，具体包括：类及其成员的定义和访问，封装、继承和多态的概念与实现，接口和泛型等的定义及使用方法，以及调试和异常处理等相关知识。

最后一部分介绍如何使用 C＃语言和 Visual Studio 2008 进行 Windows 应用程序的开发，主要包括 Windows 应用程序中的控件、鼠标和键盘事件、GDI＋，以及 ADO.NET 等知识点。

本书特点：

本书除了提供难易程度适中的实验外，还将每个实验的结论部分编写为问题的形式，完成对应的实验后，思考实验后面的结论，可以加深对实验内容的理解和实验原理的掌握。

此外,提供了一些规模较大的选作实验,这些选作实验是对某一个或两个部分内容的总结,这些实验都是游戏开发类的实验,具有很强的趣味性,可以帮助读者将所学的内容融会贯通。

本书适用对象:

本书是面向.NET 技术的初学者编写的,可以作为本专科学生.NET 方面课程的辅助教材或者相关培训机构的辅导书使用,也可以供.NET 初学者自学使用。

本书编者:

本书共有 5 位编者,实验一至实验六由苗强编写,实验七至实验二十由陈明华编写,实验二十一至实验二十四由林跃进编写,实验二十五至实验三十九由周慧编写,实验四十至实验五十由李正夫编写。全书由陈明华统稿。

在本书的编写过程中得到了姜金程、刘忠苹、韩锐、谭庆超、侯思耘、庄红艳等的大力支持,在此谨表示深深的谢意。

联系作者:

由于作者水平有限,书中的疏漏和错误之处在所难免,恳请广大读者批评指正。

所有意见和建议请发往:dutpbk@163.com
欢迎访问我们的网站:http://www.dutpbook.com
联系电话:0411－84707492　84706104

编　者
2011 年 12 月

基本语法篇

面向对象基础篇

面向对象进阶篇

Windows 应用程序开发篇

基本语法篇

实验1 安装Visual Studio 2008

实验目的

(1)了解 Visual Studio 2008 安装的软硬件要求;

(2)掌握 Visual Studio 2008 安装流程,并能够独立完成 Visual Studio 2008 的安装;

(3)了解 Visual Studio 2008 的功能。

背景知识

(1)Visual Studio 2008 简介

Visual Studio 2008 是很好的集成开发环境,可高效创建任何类型的. NET 应用程序。Visual Studio 2008 默认支持多种编程语言,例如 C#、Visual C++. NET、Visual J++和 Visual Basic. NET 等。除此之外,还提供了许多新特性,例如,提高了可视化设计模式下的逼真度,增强代码隐藏模型、项目管理更加灵活、有更好的标准支持等。使用 Visual Studio 2008 可以进行多种应用程序的开发。

(2)硬件和软件要求

硬件和软件要求如表 1-1 所示。

表 1-1 Visual Studio 2008 安装的软硬件要求

环境	要 求
开发环境	Microsoft Visual Studio 2008 或更高版本、Microsoft Internet Explorer 6.0 或更高版本、Microsoft ActiveSync 4.0 或更高版本
客户端环境	Microsoft Windows XP Professional SP2 Microsoft Windows XP Home Edition SP2 Microsoft Windows XP Media Center Edition 2002 SP2 Microsoft Windows XP Media Center Edition 2004 SP2 Microsoft Windows XP Media Center Edition 2008 Microsoft Windows Server 2003,Standard Edition SP2 Microsoft Windows Server 2003,Enterprise Edition SP1 Microsoft Windows Server 2003,Datacenter Edition SP1 Microsoft Windows Server 2003 R2,Standard Edition Microsoft Windows Server 2003 R2,Enterprise Edition Microsoft Windows Server 2003 R2,Datacenter Edition Microsoft Windows Professional 2000 SP4 Microsoft Windows Vista
服务器环境	SQL Server 2000 或更高版本,Intel 或兼容的 Pentium 600 MHz 或更高速处理器(建议的处理器速度为 1 GHz 或更高)、最低为 256 MB 的 RAM(建议使用 512 MB 或更大容量 RAM)、硬盘空间为 250 MB 以上 IIS 5.x 或更高版本、Windows Server 2003、Windows 2000 SP4 或更高版本以及 Windows XP 支持、服务器上至少 120 MB 的可用磁盘空间、Microsoft ActiveSync 4.0 或更高版本、Microsoft Internet Explorer 6.0 或更高版本

实验内容和要求

安装 Visual Studio 2008，并考查使用 Visual Studio 2008 可以开发哪些种类的应用程序。

实验步骤

(1)装入安装光盘，安装程序会自动弹出安装界面，如图 1-1 所示。此时只有第一项【Install Visual Studio 2008】(【安装 Visual Studio 2008】)可以选择，【Install Product Documentation】(【安装产品文档】)和【Check for Service Releases】(【检查 Service Release】)必须在 Visual Studio 2008 安装完毕后才能执行。

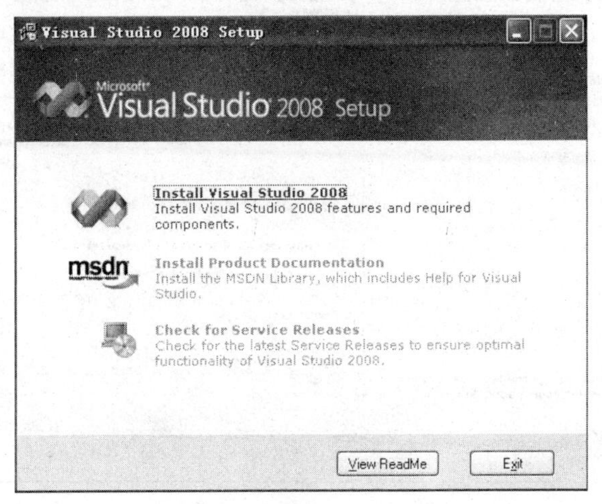

图 1-1　Visual Studio 2008 安装开始界面

(2)单击【Install Visual Studio 2008】(【安装 Visual Studio 2008】)链接，弹出欢迎界面，如图 1-2 所示，此向导会引导安装程序和全部组件。

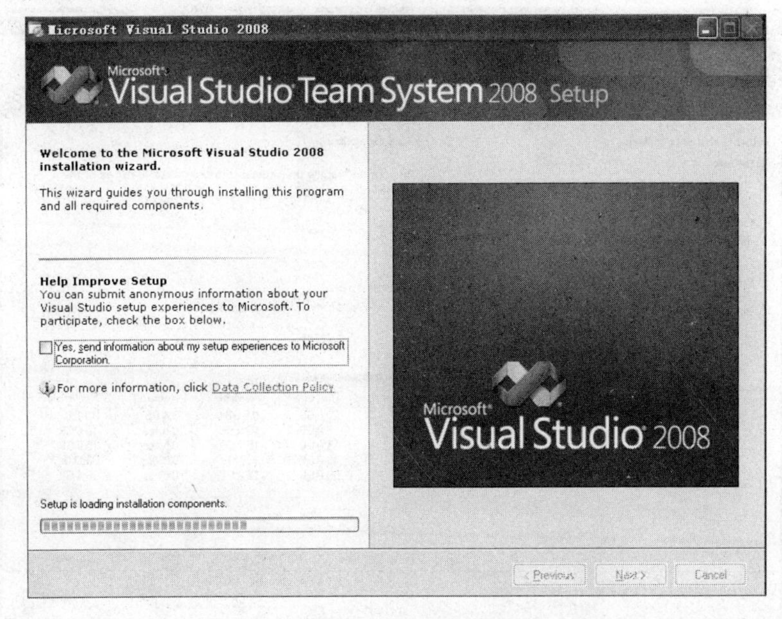

图 1-2　Visual Studio 2008 安装向导界面

(3)单击【Next】(【下一步】)按钮，弹出【Microsoft Visual Studio 2008 Setup－ Start Page】(【Microsoft Visual Studio 2008 安装程序－起始页】)界面，如图 1-3 所示，选择【I have read and accept the license terms】(【我接受许可协议中的条款】)，然后输入【Product key】(【产品密钥】)和【Name】(【名称】)。

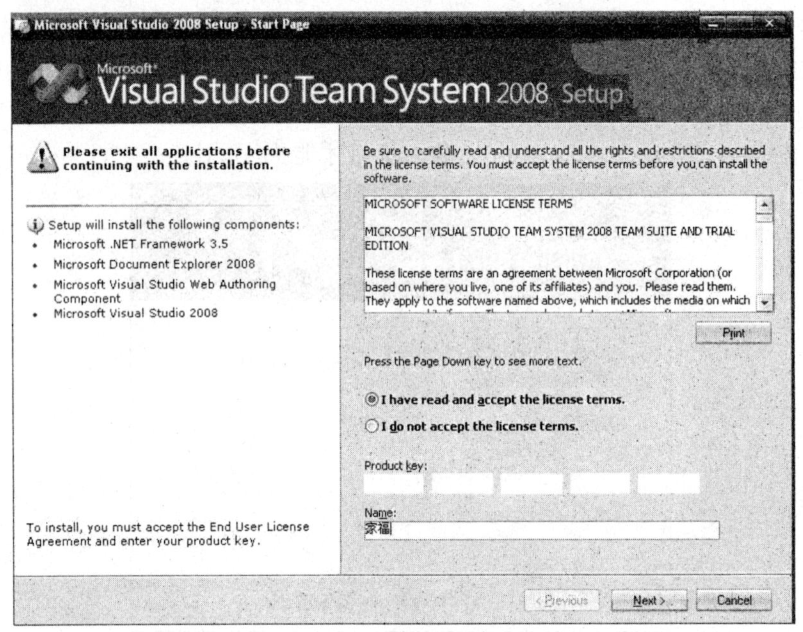

图 1-3　Visual Studio 2008 安装程序起始页

(4)单击【Next】(【下一步】)按钮，在“Select features to install”(“选择要安装的功能”)(图 1-4 所示)中选择要安装的功能。

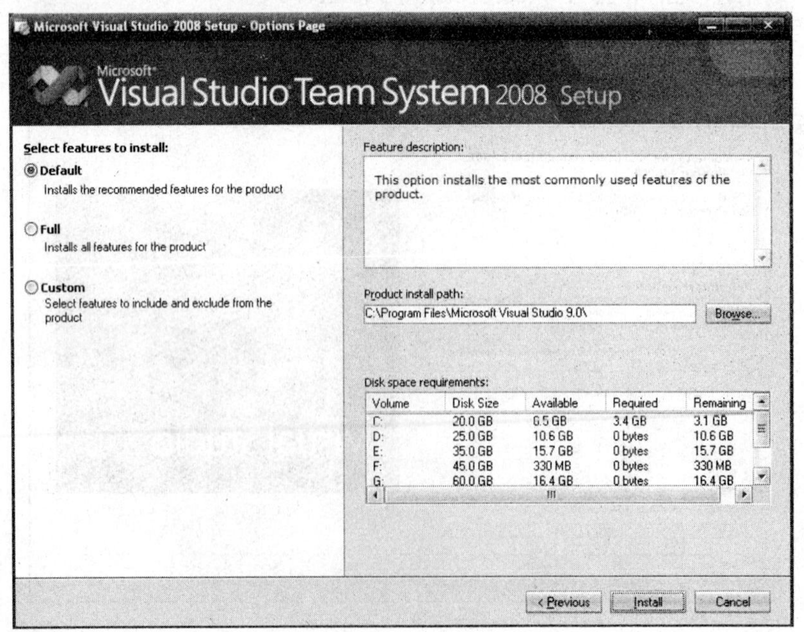

图 1-4　Visual Studio 2008 安装程序选择页

选择完毕单击【Install】(【安装】)按钮,如图 1-5 所示,"Installing Components"("正在安装组件")列表中显示当前安装的组件。

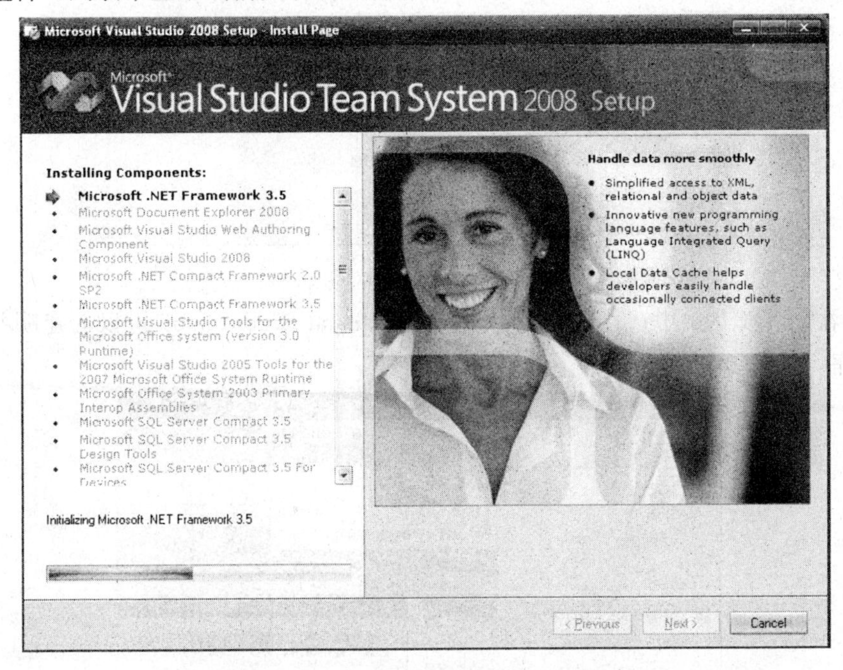

图 1-5　Visual Studio 2008 安装程序安装页

(5)最终安装程序自动弹出一个安装完成界面,界面中显示安装报告,如图 1-6 所示。单击【Finish】(【完成】)按钮,安装成功。

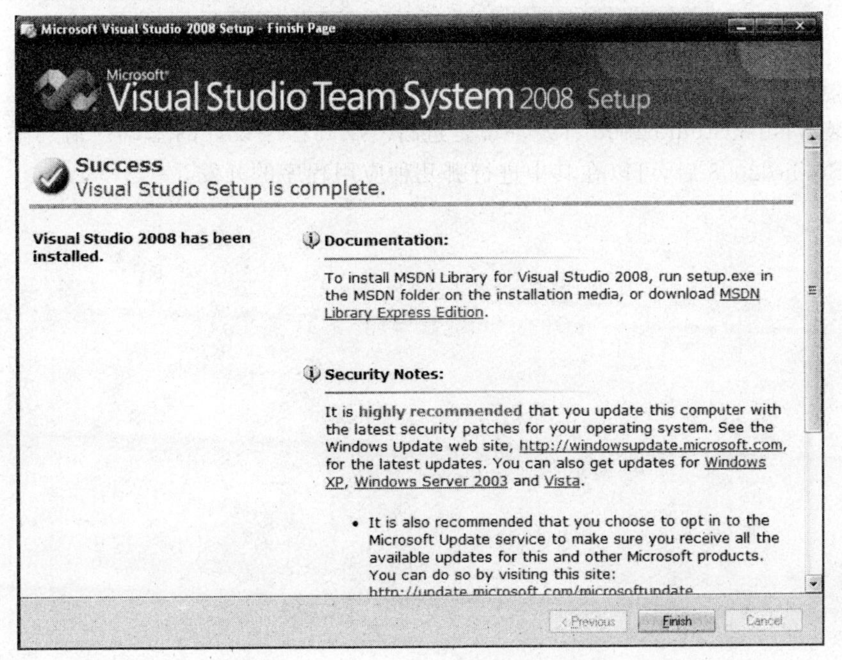

图 1-6　Visual Studio 2008 安装程序完成页

(6)启动 Visual Studio 2008。在系统的“开始”菜单中,选择【所有程序】→【Microsoft Visual Studio 2008】→【Microsoft Visual Studio 2008】,如图 1-7 所示。

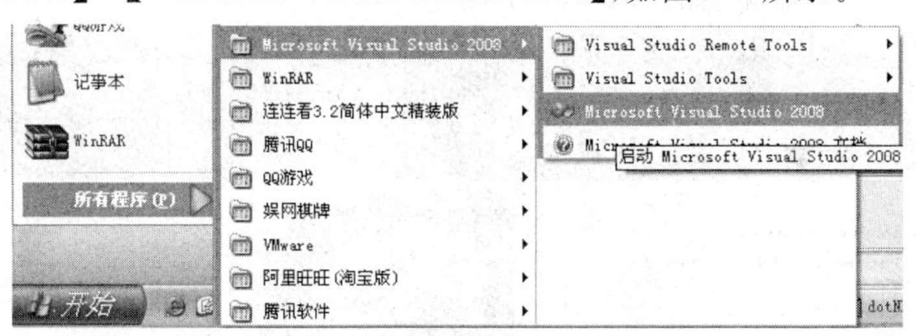

图 1-7 启动 Visual Studio 2008

(7)在“文件”菜单中选择【新建】,查看使用 Visual Studio 2008 可以创建哪些种类的应用程序,如图 1-8 所示。

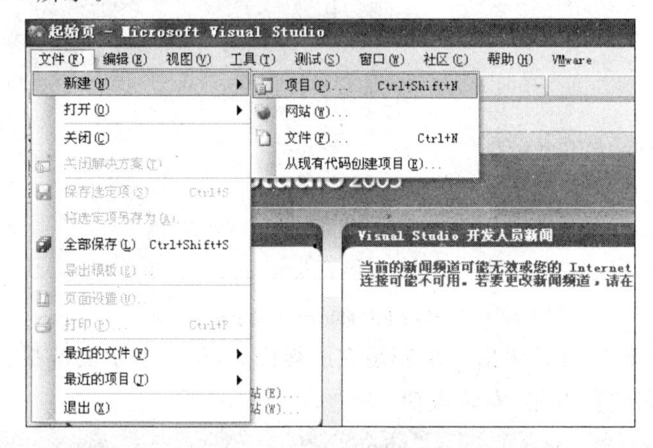

图 1-8 查看 Visual Studio 2008 的功能

实验回顾

安装 Visual Studio 2008 开发环境是进行.NET 程序设计的基础。请列举成功安装 Visual Studio 2008 后,可以在其中进行哪几种应用程序的开发。

实验2 HelloWorld的控制台应用程序

实验目的

(1)掌握使用 Visual Studio 2008 创建控制台应用程序的步骤;

(2)掌握向控制台输出的方法;

(3)体会并理解基于.NET 平台开发的应用程序的执行过程。

背景知识

(1).NET 平台的组成

.NET 平台的组成如表 2-1 所示。

表 2-1 .NET 平台的组成

<table>
<tr><td colspan="3">Visual Studio.NET</td></tr>
<tr><td>.NET 企业级服务器</td><td>.NET Framework</td><td>.NET 服务组件</td></tr>
<tr><td colspan="3">服务器、桌面和各种设备之上的操作系统</td></tr>
</table>

其中,.NET Framework(.NET 框架)是.NET 平台的核心,是开发、运行.NET 应用程序的前提条件。

(2).NET Framework 的组成

.NET Framework 的组成如表 2-2 所示。

表 2-2 .NET Framework 的组成

<table>
<tr><td colspan="5">.NET Framework 外部接口的类</td></tr>
<tr><td>ASP.NET</td><td>Windows 窗体</td><td colspan="2" rowspan="2">Windows Presentation Foundation</td><td rowspan="2">Windows Communication Foundation</td></tr>
<tr><td>Web 窗体</td><td>控件和窗体</td></tr>
<tr><td>Web 服务</td><td>绘图功能</td><td colspan="2">页面、动画等</td><td>管道、端点等</td></tr>
<tr><td colspan="5">.NET Framework 用于内部和本地的基类</td></tr>
<tr><td>ADO.NET</td><td>XML</td><td>线程处理</td><td>IO</td><td>工作流</td></tr>
<tr><td>组件模型</td><td>安全性</td><td>诊断</td><td>异常</td><td>其他</td></tr>
<tr><td colspan="5">公共语言运行库</td></tr>
<tr><td>内存管理</td><td>公共类型系统</td><td colspan="2">生命周期监控</td><td>JIT 编译器等</td></tr>
</table>

①底层:公共语言运行库 CLR(Common Language Runtime),是.NET Framework 的核心,是驱动关键功能的引擎。

②中间层:是.NET Framework 类图,提供了一整套通用功能的标准代码,这些代码包含了开发人员可用于简化其开发工作的类和其他类型的库。

③顶层:包括用户界面和程序界面。从.NET 内部到外部的实例,提供 4 种接口方式。

(3)公共语言运行库 CLR

CLR 的组成如表 2-3 所示。

表 2-3 公共语言运行库的组成

公共类型系统(数据类型等)		
针对本机代码编译器	执行支持	安全性
垃圾回收、堆栈遍历、代码管理器		
类加载器和内存分配		

(4)应用程序的执行过程

执行过程如图 2-1 所示。

图 2-1 应用程序的执行过程

以 C# 语言为例,C# 语言编写的控制台应用程序代码,经过语言的编译器(包含在 Visual Studio 2008 中)编译,生成 MSIL 代码,该代码包含在程序集中,程序集的表现形式为. exe 或. dll 文件。

但是该文件在没有安装. NET Framework 的操作系统上是无法执行的,只有目标机器上安装了. NET Framework,其中的 CLR 才可以对程序集中的 MSIL 代码进行二次编译,生成平台相关的代码,这个代码才是可执行的代码,而且是经过优化的代码。

由于此次编译过程是针对平台的,因此在其他平台上最终代码不一定能够得到执行,最终的可执行代码只适用于本机或者其他与本机配置相同或相近、安装软件环境也相近的计算机。

(5)控制台应用程序的输入和输出

①控制台的输入

在控制台应用程序中,获取用户输入的方法包括 Console. Read()、Console. ReadLine()和 Console. ReadKey()。

Console. Read()可以从标准输入流读取下一个字符。该方法的返回值是键盘输入字符的 unicode 码,无参。

Console. ReadLine()可以从标准输入流读取下一行字符。该方法返回值是下一行字符串,无参。

Console. ReadKey()可以获取用户按下的下一个字符或功能键。该方法的返回值是 ConsoleKeyInfo 对象;参数有两种形式,无参的重载将按下的键显示在控制台窗口中;有参的重载需要指定一个 bool 类型的参数,以选择是否在控制台窗口中显示按下的键。

在上述三种方法中,如果希望获取按键信息,使用 Console. ReadKey()方法;如果希望获取用户输入的文本内容,一般使用 Console. ReadLine();当用户输入文本内容过长时,考虑使用 Console. Read()。

②控制台的输出

在控制台应用程序中，向控制台窗口输出文本可以使用两种方法：Console. Write()和 Console. WriteLine()。这两种方法都有多种重载，实现多种类型的数据值输出；二者的区别在于：Console. WriteLine()方法输出指定信息后，会增加一个行结束符的输出。

实验内容和要求

创建控制台应用程序，编写代码，实现向控制台输出“Hello World”的功能。

实验步骤

(1)启动 Visual Studio 2008。

(2)在菜单中选择【文件】→【新建】→【项目】，打开如图 2-2 所示的界面；在模板上选择【控制台应用程序】，修改项目的名称为 ExConsoleHelloWorld，修改位置以将项目保存到适当的地方，点击【确定】按钮。

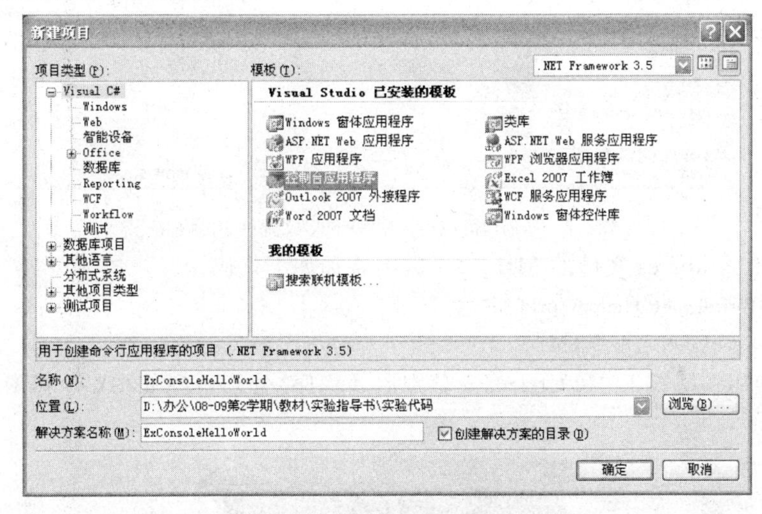

图 2-2　新建项目界面

(3)打开项目所在文件夹，可以得到如图 2-3 所示的几个文件和文件夹。

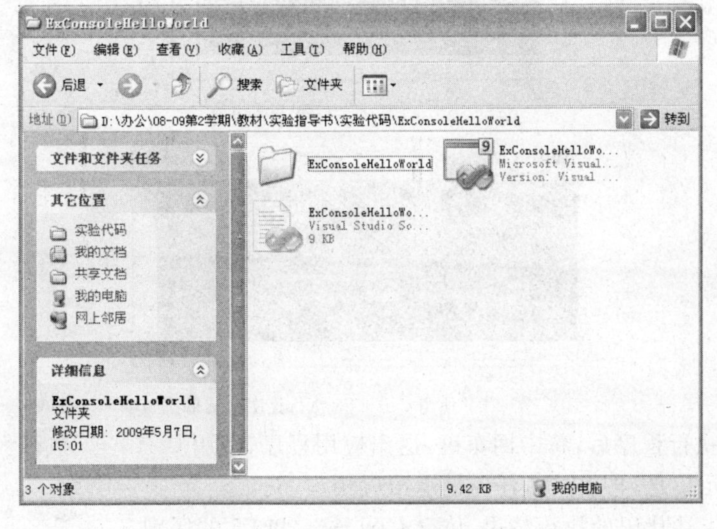

图 2-3　创建控制台应用程序得到的文件夹

这里,. sln 文件是解决方案文件,"ExConsoleHelloWorld"文件夹中存放的是项目相关的文件和文件夹。继续打开"ExConsoleHelloWorld"文件夹,进入到"ExConsoleHelloWorld\bin\Debug"文件夹中,该文件夹中包含如图 2-4 所示的两个文件。

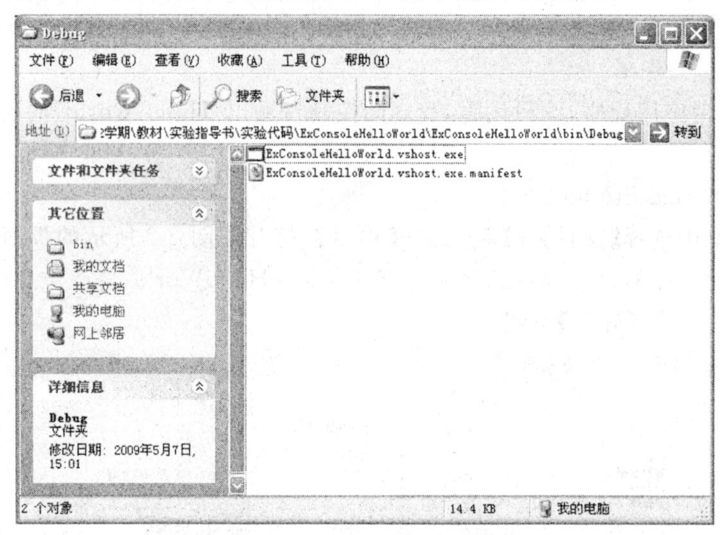

图 2-4 新创建的应用程序"Debug"文件夹中的内容

(4)在 Program. cs 文件的 Main()函数中添加如下代码。

```
Console. WriteLine("Hello World");
Console. ReadLine();
```

运行(使用快捷键 F5 和 Ctrl+F5 分别启动程序)分别得到如图 2-5 和图 2-6 所示的结果。

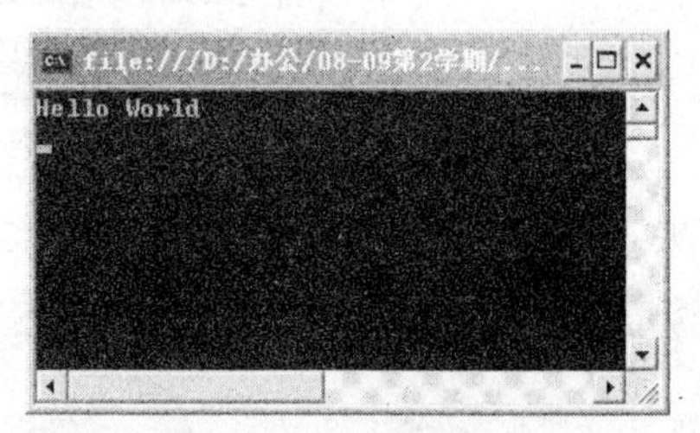

图 2-5 使用 F5 执行程序的结果

图 2-6 使用 Ctrl+F5 执行程序的结果

使用 F5 执行程序后,单击回车键,退出应用程序;使用 Ctrl+F5 执行程序后,单击回车键,出现提示信息,再次敲击任何键退出应用程序。

(5)根据上述代码的执行结果,体会 Ctrl+F5 和 F5 的区别。

(6)再次打开步骤(3)中提到的“Debug”文件夹,此时,文件夹中包含的内容如图 2-7 所示。实际上在执行程序之前,因为程序要通过语言编译器的一次检验,并经过一次编译,所以文件 ExConsoleHelloWorld. exe 就是包含了中间语言代码的程序集。

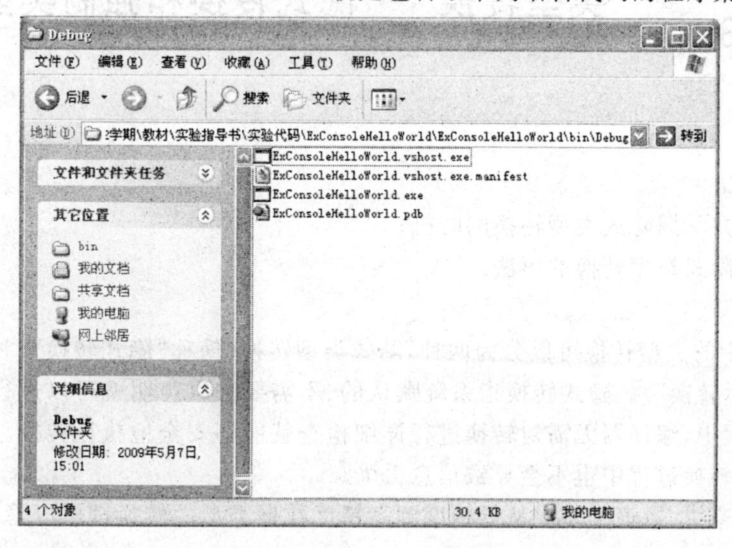

图 2-7　编译后 Debug 文件夹中的内容

实验回顾

(1)使用 F5 和 Ctrl+F5 都可以启动并执行程序,但 F5 执行控制台应用程序后,执行界面会显示________;而 Ctrl+F5 执行控制台应用程序后,执行界面会显示________,按下________后,执行界面才会关闭。

(2)将步骤(6)中的 ExConsoleHelloWorld. exe 文件复制到没有安装. NET Framework 的计算机上执行,结果如何?将该文件复制到安装了. NET Framework 的计算机上执行,结果又如何?根据 CLR 的工作原理,解释产生上面结果的原因。

实验3 类型转换——隐式转换和强制类型转换

实验目的

(1)理解并掌握隐式类型转换的时机；

(2)掌握隐式类型转换的语法。

背景知识

(1)C＃中的类型转换可以分为两种,隐式类型转换(简称“隐式转换”)和显式类型转换(简称“显示转换”)。隐式转换指系统默认的、不需要加以声明就可以进行的转换。在隐式转换过程中,编译器无需对转换进行详细检查就能够安全地执行转换。隐式转换一般不会失败,转换过程中也不会导致信息丢失。

(2)一般来讲,数值类型中从低精度到高精度数据类型的转换都可以隐式地进行,具体如下:

①从 sbyte 类型到 short, int, long, float, double 或 decimal 类型；

②从 byte 类型到 short, ushort, int, uint, long, ulong, float, double 或 decimal 类型；

③从 short 类型到 int, long, float, double 或 decimal 类型；

④从 ushort 类型到 int, uint, long, ulong, float, double 或 decimal 类型；

⑤从 int 类型到 long, float, double 或 decimal 类型；

⑥从 uint 类型到 long, ulong, float, double 或 decimal 类型；

⑦从 long 类型到 float, double 或 decimal 类型；

⑧从 ulong 类型到 float, double 或 decimal 类型；

⑨从 char 类型到 ushort, int, uint, long, ulong, float, double 或 decimal 类型；

⑩从 float 类型到 double 类型。

(3)隐式转换的语法:

```
type1 var1=var2;
```

其中,变量 var1 的数据类型是 type1,变量 var2 的数据类型是可以隐式转换为 type1 的其他类型。

(4)实际上对于类类型,任何从子类到父类的转换都可以隐式地进行;装箱操作本身也是一种隐式类型转换;从空类型(null)到任何引用类型的转换也可以隐式地进行。

(5)强制类型转换是显式类型转换的一种,其语法为:

```
type1 var1= (type1) var2;
```

显式地说明了要将变量 var2 的数据类型转换为 type1。一般来讲,数值类型中从高精度到低精度数据类型的转换、拆箱操作,以及从父类到派生类的类型转换要通过强制类型转换来实现。

实验内容和要求

创建控制台应用程序，按照实验步骤完成实验，体会哪些类型之间的隐式转换是可以实现的，哪些类型之间是无法进行隐式转换的。

实验步骤

（1）启动 Visual Studio 2008，创建名称为 ExTypeConvertImplicitly 的控制台应用程序，并设置位置，以将项目保存到适当的位置。

（2）在 Main()函数中添加如下代码：

```
int a=3;
double b=a;
float f=3.0f;
b=f;
```

在解决方案资源管理器中，右键单击项目名称，选择【生成】，编译程序，查看是否有语法错误，如图 3-1 所示。

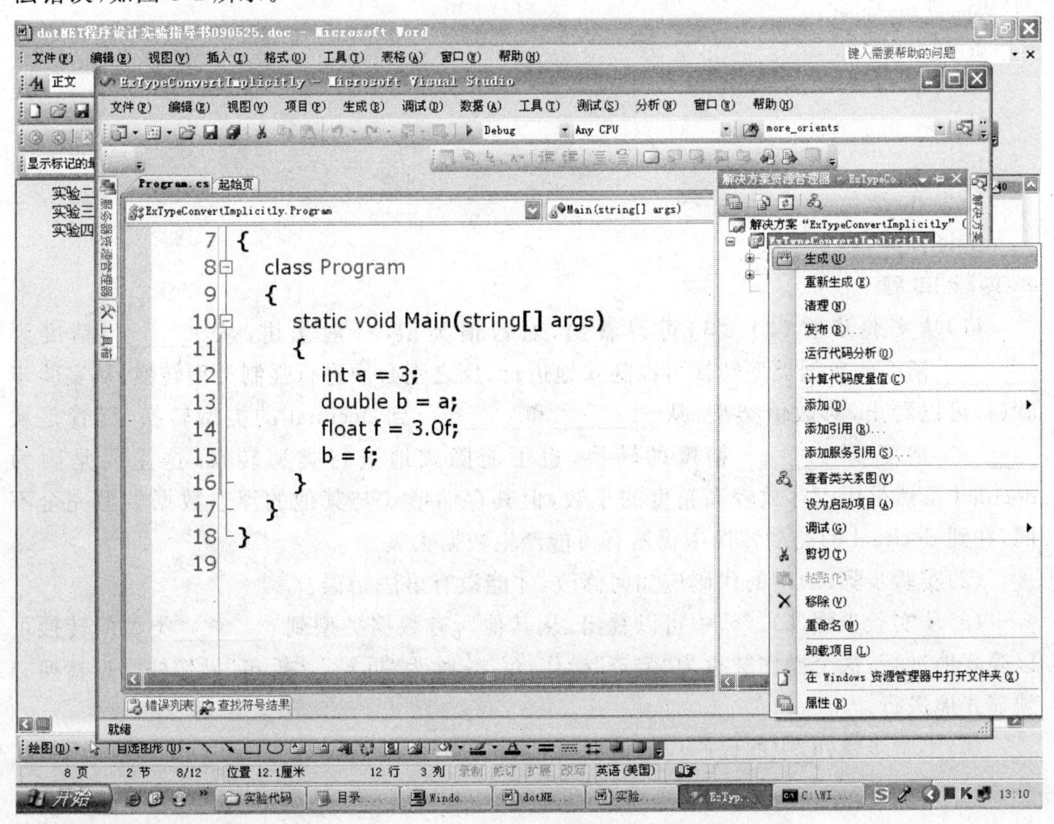

图 3-1 编译程序

（3）修改代码为

```
double b=3.0;
int a=b;
float f=b;
```

编译程序，查看结果。

(4)修改代码为

```
double b=3.0;
decimal d=b;
```

编译程序,查看结果。

(5)修改代码为

```
string s="abcd";
int a=3;
object b=s;
b=a;
char c='c';
b=c;
```

编译程序,查看结果。

(6)修改代码为

```
object b="abcd";
string s=b;
b='c';
char c=b;
b=1;
int a=b;
```

编译程序,查看结果。

实验回顾

(1)从实验步骤(2)、(3)可以看出,对数值类型,一般来讲,从________精度到________精度的数据类型转换可以隐式地进行,反之则必须进行强制类型转换;从实验步骤(4)可以看出,对数值类型,从________和________到 decimal 的类型转换,尽管是从________精度到________精度的转换,也不能隐式地进行类型转换,这主要是因为 decimal 虽然是用于存放较高精度的小数,但其存储形式与其他的浮点数据类型完全不同,在到 decimal 的类型转换中仍然有可能产生数据丢失。

(2)实验步骤(3)中的代码应如何修改,才能没有语法错误?

(3)从实验步骤(5)、(6)中可以看出,从其他所有数据类型到________类型的转换可以隐式地进行,这个操作被称为“装箱”操作;反之,称为“拆箱”,“拆箱”操作的类型转换必须显式地进行。

(4)实验步骤(6)中的代码应如何修改,才能没有语法错误?

实验4 类型转换——显式类型转换

实验目的

(1)理解并掌握显式类型转换的时机;

(2)掌握显式类型转换的方法;

(3)掌握何时使用显式类型转换;

(4)掌握从控制台读取数据的方法。

背景知识

当类型转换可能产生数据丢失时,需要显式地进行数据类型的转换。显式转换的常用方法如下:

(1)强制类型转换

与隐式类型转换相对应,见实验3中背景知识(5)。

(2)使用ToString()方法

使用ToString()方法,可以将其他的数据类型转换为字符串类型。将变量var1转换为字符串并保存的语法为:

```
string var2=var1.ToString();
```

例如:
```
int a=3;
string s=a.ToString();
```

则变量s的值为3。

(3)使用Convert.To目标类型()方法

使用Convert.To目标类型()方法,可以实现多种数据类型之间的转换,绝大部分可能进行的类型转换都可以通过这个方法实现。将变量var1转换为Type类型并保存的语法为:

```
Type var2=Convert.ToType(var1);
```

例如:
```
string strInput=Console.ReadLine();
int intInput=Convert.ToInt32(strInput);
```

上述代码可以将从控制台读入的数据转换成整型,以便进行后续处理。使用Convert类的方法进行类型转换需要注意的是,如果目标数据类型和原始数据类型不符,则类型转换将引发异常,如上面代码的执行过程中,如果用于输入的不是整型数字,而是其他字符,如字母a,则使用Convert.ToInt32()方法进行类型转换会产生异常。

常见的Convert类的类型转换方法如表4-1所示。

表 4-1　　　　Convert 类的类型转换方法

编号	方法	功能说明
1	ToBase64CharArray	将 8 位无符号整数数组的子集转换为用 Base 64 数字编码的 Unicode 字符数组的等价子集
2	ToBase64String	将 8 位无符号整数数组的值转换为它的等效 String 表示形式(使用 Base 64 数字编码)
3	ToBoolean	将指定的值转换为等效的布尔值
4	ToByte	将指定的值转换为 8 位无符号整数
5	ToChar	将指定的值转换为 Unicode 字符
6	ToDateTime	将指定的值转换为 DateTime
7	ToDecimal	将指定的值转换为 Decimal 数字
8	ToDouble	将指定的值转换为双精度浮点数字
9	ToInt16	将指定的值转换为 16 位有符号整数
10	ToInt32	将指定的值转换为 32 位有符号整数
11	ToInt64	将指定的值转换为 64 位有符号整数
12	ToSByte	将指定的值转换为 8 位有符号整数
13	ToSingle	将指定的值转换为单精度浮点数字
14	ToString	将指定的值转换为其等效的 String 表示形式
15	ToUInt16	将指定的值转换为 16 位无符号整数
16	ToUInt32	将指定的值转换为 32 位无符号整数
17	ToUInt64	将指定的值转换为 64 位无符号整数

(4)使用目标类型的 Parse()方法

.NET Framework 为多数的预定义类型提供了 Parse()方法,该方法多用在字符串类型数据到值类型数据的转换中。将 var1 转换为 Type 类型并保存的语法为:

Type var2= Type. Parse(var1);

例如:string strInput=Console. ReadLine();

int intInput=Int32. Parse(strInput)

上述代码同样实现了将用户在控制台输入的数据进行类型转换并保存到整型变量中的功能。使用这种方法进行类型转换同样可能产生异常。

实验内容和要求

创建控制台应用程序,编写代码,实现读取用户从控制台输入的两个整型数据,计算这两个整型数据的和,并输出结果。实验结果如图 4-1 所示。

实验步骤

(1)启动 Visual Studio 2008,创建名称为 ExTypeConvertObviously 的控制台应用程序,并设置项目保存位置。

(2)在 Main()函数中添加代码,向控制台输出提示信息,并读取用户的输入,将用户输入的数据分别保存在 string 类型变量 strAdd1 和 strAdd2 中。

图 4-1　程序运行结果

(3)在 Main()函数中继续添加代码,将步骤(2)中的两个 string 类型变量转换为 int 类型,分别保存在 int 型变量 intAdd1 和 intAdd2 中。

(4)在 Main()函数中继续添加代码,计算 intAdd1 和 intAdd2 的和,并保存到 int 型变量 intResult 中。

(5)调用 ToString()方法,将步骤(4)的结果转换成字符串类型,并输出到控制台。

实验回顾

(1)在实验步骤(2)中是否可以将从控制台读取的数据直接保存到 int 类型的变量中?为什么?

(2)在实验步骤(3)中可以使用哪几种方法将 string 类型变量转换成 int 类型?

(3)在实验步骤(4)中可以使用哪几种方法将 int 类型变量转换回 string 类型?

(4)总结显式类型转换方法的种类,并描述各种方法对应的使用情景。自己编写更多的代码,体会各种显式类型转换的区别。

实验5 表达式计算

实验目的

(1)巩固类型转换的相关知识；

(2)理解和掌握常用运算符的使用方法；

(3)理解和掌握表达式计算的方法。

背景知识

运算符在表达式中用于描述一个或多个操作数的运算，它指明了进行运算的类型。在C#中，根据运算符所使用的操作数的个数，可以分为一元运算符、二元运算符和三元运算符；根据运算符执行的操作类型主要可分为算术运算符、赋值运算符、关系运算符、逻辑运算符和条件运算符。

(1)算术运算符

算术运算符是进行算术运算的操作符，它实现了数学上基本的算术运算功能，这些运算符包括：加法运算符、减法运算符、乘法运算符、除法运算符和取模运算符。

① 加法运算符：“＋”和“＋＋”

② 减法运算符：“－”和“－－”

③ 乘法运算符：“*”

④ 除法运算符：“/”

⑤ 取模运算符：“%”

(2)赋值运算符

赋值就是给一个变量赋一个新值，包括如下几种：

① 简单赋值：“＝”

② 算术运算的复合赋值：“＋＝”、“－＝”、“*＝”、“/＝”和“%＝”

③ 左移和右移赋值：“＜＜＝”和“＞＞＝”

④ 其他赋值运算符“&＝”、“！＝”和“^＝”

(3)关系运算符

关系运算用于比较两个对象并返回布尔值，它的返回值总是布尔值。C#中关系运算符的优先级低于算术操作符，高于赋值操作符。C#中关系操作符主要包括比较运算符、is运算符、as运算符。

① 比较运算符：“＝＝”、“！＝”、“＜”、“＞”、“＜＝”、“＞＝”

② is运算符：检查对象是否与给定类型兼容。

③ as运算符：用于执行引用各类型的显式类型转换。如果要转换的类型与指定的类型兼容，转换会成功进行；如果类型不兼容，as运算符就会返回null。

(4)逻辑运算符

逻辑运算符和布尔型操作数一起组成逻辑表达式,C＃中的几种逻辑运算符和布尔型操作数如下：

“&”、“|”、“^”和“&&”、“||”、“!”

(5)条件运算符

C＃中只提供一种三元运算符“?:”,这个运算符根据“?”左边的表达式的值来确定返回结果。例如：

①bool b=a>b? true:false;

②int b=a>b? 10:20;

③string b=a>b?"真":"假";

实验内容和要求

假定一个小球在 200 m 高的地方以 15 m/s 的初速度垂直下抛。编写控制台应用程序,计算 3 s 后小球的高度,并输出结果。提示：t 秒后小球高度近似值公式为 $h_0-5t^2-v_0*t$,其中,v_0 指初速度,h_0 为初始高度。程序运行结果如图 5-1 所示。

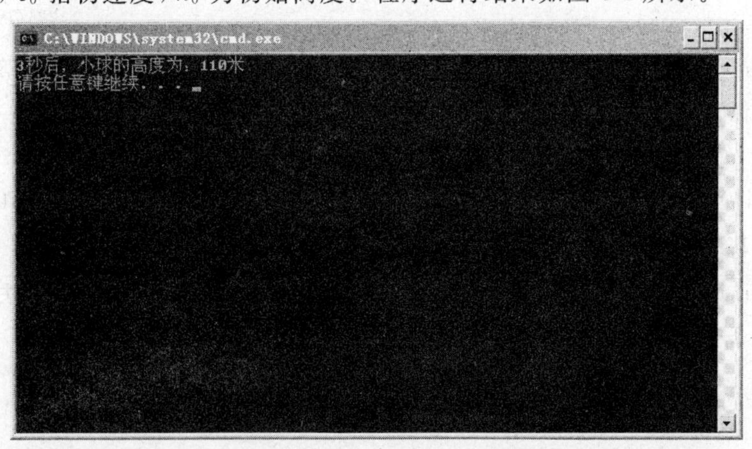

图 5-1 程序运行结果

实验步骤

(1)启动 Visual Studio 2008,创建名称为 ExExpression 的控制台应用程序,并保存到适当的地方。

(2)在 Main()函数中添加代码,声明并初始化变量 h_0、v_0 和 t 。

(3)编写表达式,实现对公式的计算,并将各变量的值带入公式中,计算并保存结果。

(4)将步骤(3)中计算所得的结果输出到控制台。

实验回顾

(1)整型变量 x 的初始值为 3,执行表达式 x*=2 后,x 的值为________。

(2)________运算符将左右操作数相加的结果赋值给操作数。

(3)在实验步骤(3)中,公式对应的 C＃代码是什么?

(4)在实验步骤(2)中,变量 h_0、v_0 和 t 的初始值分别是多少?

(5)实验的输出结果是多少?

实验6 if控制语句

实验目的

(1)掌握 if 控制语句的语法；

(2)理解并掌握 if 控制语句的使用方法和使用情景。

背景知识

(1)分支语句简介

计算机在执行程序的过程中，会根据条件的不同，执行不同的处理过程，这种情况要使用分支语句来控制程序的流程。C#中的分支语句有两种：if 语句和 switch 语句。

(2)if 语句

if 与 else 构成组合语句，可以实现双重分支；if 语句可以嵌套使用。计算机通过计算逻辑表达式做出决策，并依据决策的结果，利用这些分支语句控制程序下一步要执行的动作。

if 语句计算一个布尔表达式的值，并由此决定是否执行某一些语句。if 语句的功能比较多且变化灵活，是进行分支决策的有效方式。使用语法如下所示：

【A】if 语句的语法如下：

```
if ( 条件表达式 1 )
{
    语句块 1;
}
else
{
    语句块 2;
}
```

【B】if 语句的嵌套使用语法如下：

```
if ( 条件表达式 1 )
{
    语句块 1;
}
else if ( 条件表达式 2 )
{
    语句块 2;
}
else
{
    语句块 3;
}
```

【A】程序的流程为：如果“条件表达式 1”的值为 true，就执行“语句块 1”；否则(如果不包含 else 语句，就没有否则)，执行“语句块 2”。

【B】程序的流程为：如果“条件表达式 1”的值为 true，就执行“语句块 1”；否则，如果“条件表达式 2”的值为 true，就执行“语句块 2”；否则，执行“语句块 3”。

实验内容和要求

使用if语句判断用户输入的年份是否为闰年。闰年的判断规则是：能被4整除而不能被100整除；或者能被400整除。要求：如果输入的年份是闰年，在屏幕上输出“你输入的年份是闰年”；否则，在屏幕上输出“你输入的年份不是闰年”。

实验步骤

(1)启动Visual Studio 2008，创建控制台应用程序ExIf，并保存到适当的位置。

(2)在Program.cs文件的Main()函数中添加代码，提示用户输入一个年份。

(3)在Program.cs文件的Main()函数中添加代码，读取用户的输入，并转换成整型，保存到整型变量中。

(4)在Program.cs文件的Main()函数中继续添加代码，对用于输入的数据使用if条件句进行判断。

(5)在Program.cs文件的Main()函数中继续添加代码，按照要求输出判断的结果。

逻辑结构如图6-1所示。

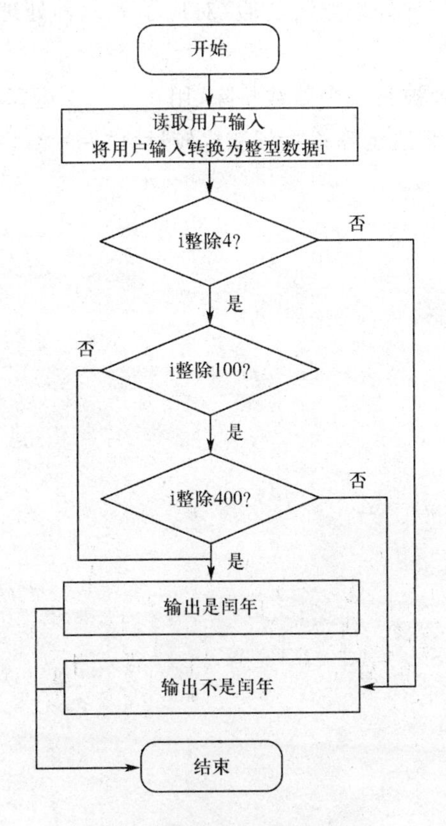

图6-1　判断闰年的逻辑结构图

(6)用几个数字验证程序的正确性，实验结果如图6-2～图6-5所示。

图6-2　2007年不是闰年

图 6-3 1900 年不是闰年

图 6-4 2000 年是闰年

图 6-5 2008 年是闰年

实验回顾

(1)执行上面的应用程序，体会 if 语句的使用情景。如果对情况的判断结果为真或假两种结果，“真”对应了一种处理方法，“假”对应了另一种处理方法，那么选择________语句编写的代码来实现。

(2)判断一个整数能否被另一个整数整除，用________运算符。

(3)在 C#语言中，有赋值运算符“=”和比较运算“==”。在 if 语句中判断相等的时候用________运算符。

实验7 switch控制语句

实验目的

(1)掌握 switch 控制语句的语法；

(2)理解并掌握 switch 控制语句的使用方法和使用情景。

背景知识

(1)switch 分支语句简介

利用 switch 语句可以实现多分支结果的程序设计，switch 语句也可以嵌套使用。计算机通过计算控制表达式做出决策，并依据决策的结果，利用这些分支语句控制程序下一步要执行的动作。

(2)switch 语句语法

switch 语句是一种多分支选择结构的语句，控制表达式的数据类型必须为整数类型、字符类型、字符串类型、枚举类型以及能够隐式地转换为上述类型的其他数据类型中的一种。switch 语句的语法如下：

```
switch(控制表达式)
{
    case 常量表达式 1:语句块 1;跳转语句;
    case 常量表达式 2:语句块 2;跳转语句;
    ……
    case 常量表达式 n:语句块 n ; 跳转语句;
    [ default:语句块 n+1 ; 语句 n+1 ; ]
}
```

(3)switch 语句流程

switch 语句的执行过程为：计算“控制表达式”的值，在各个 case 里顺序查找。如果“控制表达式”的值和某个“常量表达式”的值相等，则条件成立，执行对应的分支语句；否则，如果“控制表达式”的值不等于任何“常量表达式”，则执行“语句块 n+1”。default 语句块是可选择的，在 switch 语句中如果不包含 default 语句块，则当“控制表达式”的值不等于任何“常量表达式”时，不执行任何操作。

(4)switch 语句中的跳转语句

C# 中的跳转语句包括 break 语句、return 语句、goto 语句和 continue 语句，其中可以用在 switch 语句中的是 break、return 和 goto。

一般地，每个 case 标记或者 default 标记的语句块都以 break 语句作为结束，执行到该语句，说明整个 switch 语句执行结束，程序将继续执行 switch 语句后面的语句。

当一个 case 或者 default 标记以 return 作为结束时，执行到该语句则 switch 语句所在的方法结束,返回到上层的调用方法中。

case 或 default 标记也可以以 goto 语句作为结束,但 goto 的目标应该是其他的 case 或 default 标记,default 标记中如有 goto 语句,应跳转到其他 case 标记。

所有的 case 或 default 标记对应的代码块都必须以跳转语句作为结束,否则将产生语法错误。

(5)switch 语句中的语句块

case 或 default 标记中的语句块,可以是单条语句,也可由多条语句构成。当语句块中包含了多条语句时,通常使用{}将该语句块和后面的跳转语句括起来,使得程序的结构更加明确。

实验内容和要求

使用 switch 语句编写程序,根据用户输入的成绩(允许用户输入 0～100 的整数)进行判断,输出对应的评语,具体评语如下。

0～59,不及格

60～69,合格

70～79,中

80～89,良

90～99,优

100,excellent!

某次程序运行的结果如图 7-1 所示。

图 7-1 程序运行结果图

实验步骤

(1)启动 Visual Studio 2008,创建控制台应用程序 ExSwitch,并保存到适当的位置。

(2)在 Program.cs 文件的 Main()函数中添加代码,提示用户输入一个成绩。

(3)在 Program.cs 文件的 Main()函数中添加代码,读取用户的输入,并转换成整型,保存到整型变量中。

(4)在 Program.cs 文件的 Main()函数中继续添加代码,对用于输入的数据使用

switch 分支句进行判断，输出对应的评语。

假设输入数据保存在变量 score 中，则逻辑结构如图 7-2 所示。

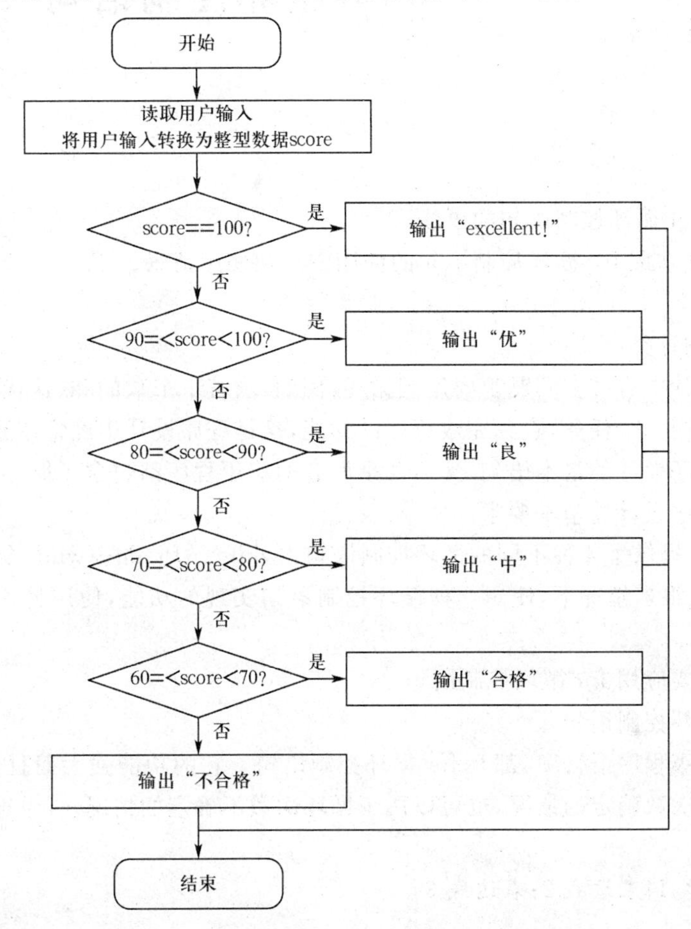

图 7-2　输出成绩的逻辑结构图

(5)用几个成绩验证程序的正确性。

实验回顾

(1)执行上面的应用程序，体会 switch 语句的使用情景。当对情况的判断远远多于两种情况时，选择使用________语句编写的代码来实现。

(2)由于 switch 语句中，对“控制表达式”和“常量表达式”的数据类型有严格的要求，因此在上面的问题中需要解决的是如何把一个区间变成一个值。对应实验步骤(4)，如何实现区间到离散值的转换？

(3)参照图 7-2，思考图中最后一个“否”是如何在 switch 语句中实现的？

实验8 for循环控制语句

实验目的

(1)掌握 for 循环控制语句的语法;

(2)理解并掌握 for 循环控制语句的使用方法和使用情景。

背景知识

(1)循环的种类

在程序设计中有许多问题都要用到循环,例如,求若干个数的和、迭代求根等,使用循环能多次执行同一个任务,直到完成程序的功能,这是程序设计中经常用到的技术。

循环是程序设计的基本语句之一,几乎所有的应用程序都包含了循环控制语句,熟练掌握它们是程序设计的基本要求。

在 C# 中,提供了 4 种不同的循环控制语句: while 循环、do…while 循环、for 循环和 foreach 循环。很多情况下,使用一种循环控制语句实现的功能,使用另一种循环控制语句也可以实现。

本实验主要应用 for 循环控制语句。

(2)for 循环控制语句

大多数高级程序语言中,都有 for 循环控制语句。它的功能强大而且使用灵活,不仅可以用于循环次数确定的情况,也可以用于循环次数不确定的情况。for 循环控制语句的语法如下:

```
for(表达式 1;表达式 2;表达式 3)
{
    语句块;
}
```

其中,表达式 1 用于初始化循环变量,初始化总是一个赋值语句,它用来给循环控制变量赋初值;表达式 2 是循环的条件,当表达式 2 的值为 true 时,执行循环体中的语句块,否则,退出循环;表达式 3 为循环变量的变化情况,一般对循环变量执行递增或递减运算。

for 语句中的表达式 1,表达式 2 和表达式 3 不是必须存在的,可以部分为空,也可以全部为空。当表达式 1 为空的时候,循环控制变量的初始化可以在 for 语句之前给出。如:

```
int i=1;
for(;i<10;i++)
{
    console.WriteLine(i);
}
```

表达式 2 同样可以为空，程序会默认表达式 2 的值为真，这样循环无终止地进行下去。终止循环的条件可以在 for 循环体语句块中添加。如：

```
for(i=1;;i++)
{
    Sum+=i;
    if(i>10)
        break;
}
```

当表达式 1、表达式 2 和表达式 3 都为空的时候，程序变成一个无限循环，不强制关闭的话将永远执行下去。

实验内容和要求

创建控制台应用程序，编写代码获取用户输入的一个整数，使用 for 循环控制语句实现，以这个整数作为参数，输出几个由“ * ”组成的规则图形。

例如：用户输入“4”，则在屏幕上纵向依次输出如图 8-1 所示的 4 个图案。

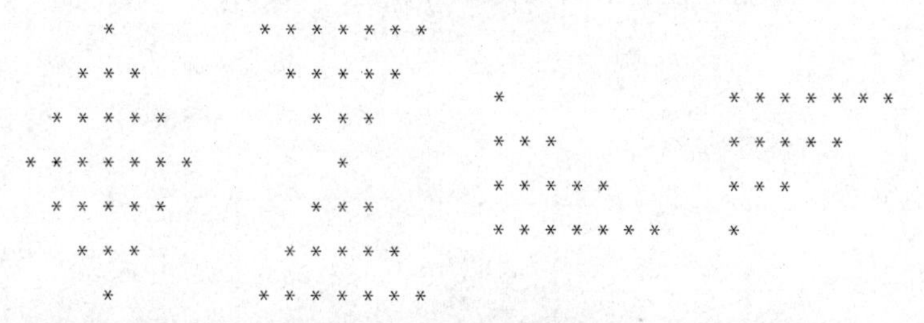

图 8-1　“4”对应的规则图形

用户输入“6”，则在屏幕上纵向依次输出如图 8-2 所示的 4 个图案。

```
     *          * * * * * * * * * * *
    * * *         * * * * * * * * *
   * * * * *        * * * * * * *                 *                     * * * * * * * * * * *
  * * * * * * *       * * * * *                   * * *                 * * * * * * * * *
 * * * * * * * * *      * * *                     * * * * *             * * * * * * *
* * * * * * * * * * *     *                       * * * * * * *         * * * * *
 * * * * * * * * *      * * *                     * * * * * * * * *     * * *
  * * * * * * *       * * * * *                   * * * * * * * * * * * *
   * * * * *        * * * * * * *
    * * *         * * * * * * * * *
     *          * * * * * * * * * * *
```

图 8-2　“6”对应的规则图形

实验步骤

(1)启动 Visual Studio 2008，创建控制台应用程序 ExFor，并保存到适当的位置。

(2)在 Program. cs 文件的 Main()函数中添加代码，提示用户输入一个整型数据。

(3)在 Program. cs 文件的 Main()函数中添加代码，读取用户的输入，并转换成整型，保存到整型变量中。

(4)对于每个图形，编写对应的 for 循环控制语句，实现对应图形的输出。

(5)输入几个数据，验证代码的正确性。

实验回顾

(1)如果对于 for 语句：

```
for(表达式 1;表达式 2;表达式 3)
{
    语句块;
}
```

表达式 1 的作用是________，表达式 2 的作用是________，表达式 3 的作用是________。

(2)通过编写上面的代码，体会各表达式的值的设置规律。一般来讲，循环变量都初始化为________；控制语句设置循环条件为循环变量<________；循环变量的设置情况一般为循环变量++。

(3)实验步骤(4)中循环控制语句如何编写？

实验9 while和do…while循环控制语句

实验目的

（1）掌握 while 和 do…while 循环控制语句的语法；

（2）理解并掌握 while 和 do…while 循环控制语句的使用方法和使用情景。

背景知识

（1）while 循环控制语句

while 循环是 C# 语言中不同于 for 循环的另一种循环形式，由循环条件和循环控制语句组成。while 循环控制语句的语法如下：

```
while(循环条件)
{
    循环控制语句;
}
```

首先判断小括号中的循环条件是否为真，如果为真则执行大括号中的循环控制语句，执行完循环控制语句后，再判断一次循环条件的值是否为真。每次判断为真后都要执行一次大括号中的循环控制语句。直到循环条件的值为假时，不执行循环控制语句，退出循环。

（2）do…while 循环控制语句

do…while 和 while 循环非常相似，同样是由循环条件和循环控制语句组成。但是它与 while 循环略有不同。do…while 循环的特点是：先执行一次循环控制语句，然后再判断循环条件是否为真。当循环条件为真的时候，返回循环控制语句再次执行，如此反复，直到循环条件为假时退出循环。do…while 循环控制语句的语法如下：

```
do
{
    循环控制语句;
}while(循环条件);
```

在有些情况下，对于同一个问题，while 循环和 do…while 循环执行的结果相同，所以两者可以相互转换。

（3）修改循环变量

要避免陷入死循环，在 while 和 do…while 循环控制语句的循环体中，一般包含有修改循环变量的代码。

实验内容和要求

创建控制台应用程序，使用 while 和 do…while 循环分别实现猜数字游戏。程序随机生成一个 0～9 之间的整数，提示用户输入一个 0～9 之间的整数，根据用户输入的数据与随机数进行比较,给出提示“大了”,“小了”,或者“猜中!”。如果用户没有猜中,通过循环控制语句让用户继续输入整数,直到用户猜中为止,最后输出用户猜测的总次数。图 9-1 为某次用户猜数字的结果。参考程序流程(如图 9-2)完成实验内容和要求。

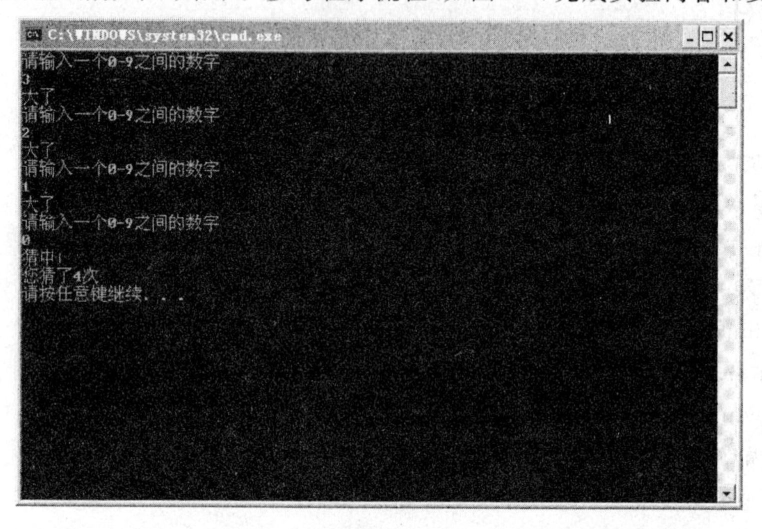

图 9-1 程序运行结果图

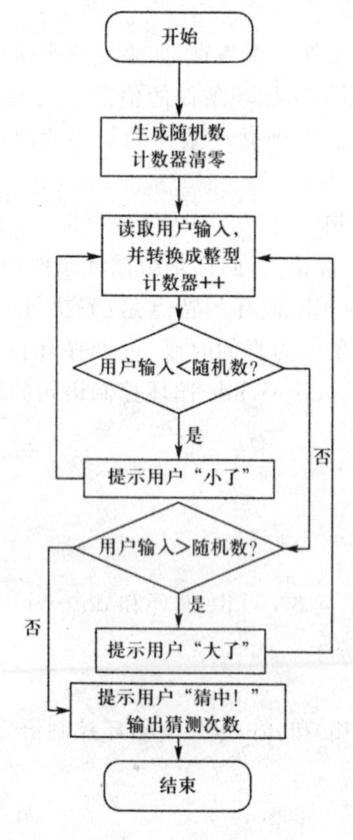

图 9-2 程序流程图

实验步骤

(1)启动 Visual Studio 2008,创建控制台应用程序 ExWhile,并保存到适当的位置。

(2)在 Program.cs 文件的 Main()函数中添加代码,随机生成一个 0～9 之间的整型数据。

(3)在 Program.cs 文件的 Main()函数中添加代码,通过 while 循环实现上面的功能要求。

(4)运行程序验证结果。

(5)创建控制台应用程序 ExDoWhile,并保存到适当的位置。

(6)在 Program.cs 文件的 Main()函数中添加代码,随机生成一个 0～9 之间的整型数据。

(7)在 Program.cs 文件的 Main()函数中添加代码,通过 do…while 循环实现上面的功能要求。

(8)运行程序验证结果。

实验回顾

(1)循环控制语句中大多可以互相转换,体会 for 语句和 while 语句的不同使用形式。如果对于 for 语句来说,表达式 1(初始变量),表达式 2(循环条件),表达式 3(计数器)和语句块(循环控制语句)被分别标记成如下的符号:

初始变量——①

循环条件——②

计数器——③

循环控制语句——④

那么对应于实现相同功能的 while 语句来说,上面的①②③④应该分别出现在什么地方?

```
________
while(________)
{
    ________
    ________
}
```

(2)对于“执行循环控制语句”和“判断循环条件”,while 循环控制语句是先________,再________;do…while 循环控制语句是先________,再________。

实验10 枚举

实验目的

(1)掌握枚举定义的语法;

(2)理解并掌握枚举的使用方法;

(3)理解并掌握枚举变量与整型变量的关系及转换方法。

背景知识

(1)枚举是用户定义的整数类型,其本质是一组整数;定义枚举的目的在于方便用户记忆和使用;在声明一个枚举时,要指定该枚举可以包含的一组值。

(2)枚举的定义

```
public enum 枚举名称[:基本类型]
{
    成员 1[=整数值 1],
    成员 2[=整数值 2],
    ……
    成员 n[=整数值 n]
}
```

例如:

```
public enum Direction
{
    East,South,West,North
}
```

(3)枚举成员的值

①不给出成员对应的值,默认成员的值从 0 开始编号,依次递增 1;

②可以定义两个枚举成员为同一个值;

③可以定义一个枚举成员的值为另一个枚举成员,这样做等同于②;

④可以只给部分枚举成员定义对应的值,没有定义值的成员值为前面成员对应值+1。

(4)枚举类型中的基本类型为整型系列的类型,包括:

byte,sbyte,short,ushort,int,uint,long,ulong

没有声明基本类型的枚举类型,对应基本类型为 int。

(5)枚举的使用语法

枚举类型名.枚举成员

(6)枚举类型和整数类型的转换

枚举可以和对应的基本类型之间进行转换,但这种转换必须是显式进行的,具体语法为：

枚举类型 枚举变量=(枚举类型) 枚举类型变量/常量/常数；

或者

整数类型 整数类型变量=(整数类型)枚举变量/常量/常数；

实验内容和要求

创建控制台应用程序，编写两个枚举，CardColor 和 CardRank，分别表示扑克牌的花色和级别。随机生成 1 张扑克牌，输出扑克牌对应的各枚举值。某次程序运行的结果如图 10-1 所示。

图 10-1 程序运行结果图

实验步骤

(1)启动 Visual Studio 2008，创建控制台应用程序 ExEnum，并保存到适当的位置。

(2)在 Program. cs 文件的 Program 类前面添加代码，定义枚举 CardColor 和 CardRank。

(3)在 Program. cs 文件的 Main()函数中添加代码，生成两个随机数(注意随机数的范围)。

(4)将步骤(3)中的两个随机数转换成对应的枚举值。

(5)输出这两个枚举值对应的扑克牌牌面。

(6)运行程序验证结果。

实验回顾

(1)在实验步骤(2)中，如果要求花色的值红桃对应 3，方块对应 4，黑桃对应 5，梅花对应 6，应如何编写枚举 CardColor?

(2)简述枚举类型与整数类型互换的方法。

(3)按照第(1)题要求设置枚举值，则花色对应的随机数应如何生成?(注意随机数的范围)

实验11 结构

实验目的

(1)掌握结构定义的语法；

(2)理解并掌握结构使用的方法；

(3)理解并掌握结构与枚举的区别与相似点。

背景知识

(1)当需要用一组特性来描述一个事物的时候,可以选择结构。结构就是由几个数据组成的数据结构,这些数据可能属于不同的数据类型。结构是值类型的。

(2)结构的定义,语法如下：

```
struct 名称
{
    成员类型 成员名;
}
```

例如：

```
struct River
{
    public Direction stDirect;
    public Direction endDirect;
    public double length;
}
```

Direction是表示方向的枚举类型,其定义如下：

```
enum Direction
{
    East,South,West,North
}
```

(3)使用结构的方法

声明结构的变量的语法如下：

```
结构名 变量名;
```

例如：

```
River aRiver;
```

访问结构成员的语法如下：

```
结构变量.结构成员
```

例如：

```
aRiver.stDirect=Direction.West;
```

```
aRiver.endDirect=Direction.East;
aRiver.length=25000;
```

实验内容和要求

定义一个结构 Grade，包含三个成员，name，表示学生姓名，类型为 string；subject，表示学科名称，类型为 string；score，表示该科成绩，类型为 int。在主程序中声明一个该类型的变量，并为该变量的各成员赋值（姓名为“张三”，学科为“.NET 程序设计”，成绩为 100），最后将该变量各成员的值输出到控制台。程序运行的结果如图 11-1 所示。

图 11-1　程序运行结果图

实验步骤

（1）启动 Visual Studio 2008，创建控制台应用程序 ExStruct，并保存到适当的位置。

（2）在 Program.cs 文件的 Program 类前面添加代码，按照实验要求，定义结构 Grade。

（3）在 Program.cs 文件的 Main()函数中添加代码，声明一个 Grade 类型的变量 grade。

（4）按照实验要求，为 grade 的各成员赋值。

（5）将 grade 各成员的值输出到控制台。

（6）运行程序验证结果。

实验回顾

（1）在实验步骤（2）中，如何定义结构 Grade？

（2）在实验步骤（3）中，声明一个 Grade 类型的变量，代码应如何编写？

（3）参照背景知识中的介绍，在实验步骤（4）中应如何为变量 grade 的各成员赋值？

（4）实验步骤（5）如何完成？

（5）总结枚举和结构这两种数据类型的异同。

实验12 一维数组

实验目的

(1)掌握一维数组的声明方法；

(2)理解并掌握一维数组中各元素初始化的方法；

(3)理解并掌握遍历一维数组中各元素的方法。

背景知识

(1)关于数组

数组是一个数据结构，它包含了一些可以直接通过数组下标来访问的变量。这些变量通常情况下被称为数组的元素，它们都有相同的类型，这个类型称为数组的元素类型。简单地说，数组是数据项的列表或集合。和C、C++中的数组一样，C#中的数组也是从零开始建立索引。也就是说在C#中数组第一个元素的下标为0，最后一个元素的下标为元素个数－1。C#中的数组包含一维数组、多维数组和数组的数组。其中数组的数组有时也叫锯齿数组或交错数组。

(2)一维数组的声明

C#中声明一维数组的语法如下：

元素类型名[] 数组名；

例如：

```
int[] intArray;
```

上面代码声明了一个各元素都是整型的数组intArray。

(3)初始化一维数组元素值的方法

①数组名＝new 数组元素的类型[常数/常量/变量]；

在声明了对应的数组之后，可以使用上面的方法初始化数组元素，这样初始化的数组中各元素的值都相等，均为该类型元素的默认值。例如，数值类型的默认值为0，字符类型的默认值为空格，引用类型的默认值为null。

②可以在声明数组的同时，直接为数组元素指定初始值，赋值的方法是用一个以逗号分隔的元素值列表，列表用大括号括起来。

例如：

```
int[] intArray={1,2,3,4,5};
```

上面的代码声明了一个含有5个整型数据的一维数组，并在声明的同时为各数组元素赋值依次为1,2,3,4和5。

③可以用①和②结合的方法初始化数组。

例如：

```
int[] intArray=new int[5]{1,2,3,4,5};
```

需要注意的是，new 数据类型后面的[]中的值是可以省略的，但如果没有省略，该值必须与后面{}中元素的个数相等；此外，如果没有省略，该处的值只能用常数或常量表示，不能在该处使用变量。

(4)访问一维数组中的成员

通过“数组名[下标]”的形式访问一维数组中的成员。这里，下标的范围是有限制的，必须在 0 到数组元素个数－1 之间，超出这个范围，会导致程序的运行异常。

(5)一维数组的遍历

使用 for 和 foreach 循环都可以遍历一维数组。

①使用 for 循环遍历一维数组

```
for(int i=0;i<数组长度;i++)
{
    对 数组名[i]的访问代码;
}
```

这里，数组的长度即数组中元素的个数，可以通过“数组名.Length”属性获取。

②使用 foreach 循环遍历一维数组

```
foreach(数组元素的数据类型 变量名 in 数组名)
{
    对 变量名的读访问代码;
}
```

使用 foreach 的过程中，不允许对所访问的数组做任何修改。

实验内容和要求

创建控制台应用程序，根据用户的输入创建整型数组，用户在控制台输入的整数决定数组的长度，使用用户在控制台输入的值作为数组元素的值；将获取到的数组输出到控制台。程序运行的结果如图 12-1 所示。

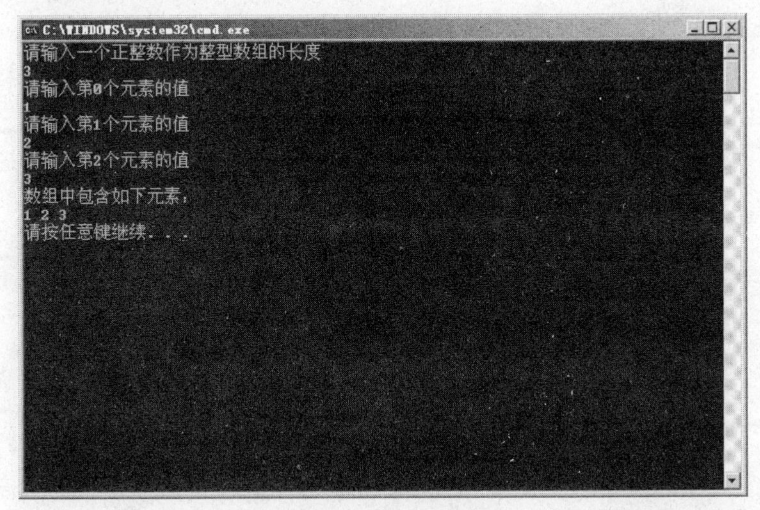

图 12-1　程序运行结果图

实验步骤

(1)启动 Visual Studio 2008,创建控制台应用程序 ExArray,并保存到适当的位置。

(2)在 Program.cs 文件的 Main()函数中添加代码,提示用户输入一个正整数作为整型数组的长度,并创建对应长度的整型数组。

(3)在 Program.cs 文件的 Main()函数中添加代码,使用 for 循环控制语句从控制台读取用户输入,作为整型数组中各元素的值。

(4)在 Program.cs 文件的 Main()函数中添加代码,使用 foreach 循环控制语句将实验步骤(3)中得到的整型数组中的元素依次输出到控制台,每个元素之间以空格分隔。

(5)运行程序验证结果。

实验回顾

(1)在实验步骤(2)中,如何创建用户指定长度的数组?该数组创建之后,数组元素的值分别是多少?

(2)在实验步骤(3)中,for 循环控制语句内部对应的数组元素如何访问?是否可以将该 for 循环控制语句用 foreach 循环控制语句替换?

(3)在实验步骤(4)中,foreach 循环中对应的数组元素如何访问?是否可以将该 foreach 循环控制语句用 for 循环控制语句替换?

(4)结合上面两个问题,谈谈 for 和 foreach 循环控制语句的异同。

实验13 二维数组

实验目的

(1)掌握二维数组声明的语法;

(2)理解并掌握二维数组元素初始化的方法;

(3)理解并掌握遍历二维数组元素的方法。

背景知识

(1)数组可以具有多个维度,多维数组中比较常用的是二维数组。

(2)声明二维数组的语法

数组元素类型[,] 数组名称;

当有多个逗号时,即为多维数组。

例如:

```
double[,] lengths;
```

(3)初始化二维数组

初始化二维数组的方法与一维数组类似,主要包括如下几种方法:

①在声明的同时赋予默认值,语法如下:

数组元素类型[,] 数组名称=new 数组元素类型[一维长度,二维长度];

例如:

```
double[,] doubleArray=new double[3,4];
```

则数组 doubleArray 为一个 3 行 4 列的数组,每个数组的元素的值都是数值类型数据的默认值 0。

②在声明的同时赋予各元素指定值,语法如下:

数组元素类型[,] 数组名称=new 数组元素类型{各元素的值};

则数组元素中的值即对应直接指定的值。例如:

```
int[,] intArray1 = { { 1, 2 }, { 3, 4 }, { 5, 6 }, { 7, 8 } };
```

需要注意的是,这种直接赋值的方法只能在声明的同时进行,否则在赋值时需要先指定各维度的长度。

③如果选择声明一个数组变量但不将其初始化,必须使用 new 运算符将一个数组分配给此变量。例如:

```
int[,] intArray2;
intArray2= new int[4,2] { { 1, 2 }, { 3, 4 }, { 5, 6 }, { 7, 8 } };
```

这里,new int[4,2]中的 4 和 2 分别是二维数组 2 个维度的长度,它们是可省的,也可以在这个位置上用常量或变量替换常数。需要注意的是如果这里使用常量或变量,其值必须和后面的元素个数相对应。

(4)访问二维数组中的元素

二维数组中的指定元素仍然是通过数组名和下标来访问的,二维数组中的第i个元素的访问方法为,数组名[(i－1)/第二个维度的长度,(i－1)%第二个维度的长度]。例如:

```
int[,] intArray3=new int[3,4];
intArray3[1,2]=2;
```

上面的代码中声明并初始化了一个3行4列的整型二维数组,初始化时每个元素的值都是0;在第二行代码中,将数组中第7个元素赋值为2。

需要注意的是,在访问二维数组的元素时,如果还没有初始化该数组,或者越界访问,都可能引发异常。

(5)遍历二维数组

①使用for循环控制语句遍历二维数组

使用for循环控制语句遍历二维数组时,需要通过循环的嵌套来实现。外层循环遍历数组的行数,内层循环遍历数组的列数。一般的方法为:

```
for(int i=0;i<第一个维度的长度;i++)
{
    for(int j=0;j<第二个维度的长度;j++)
    {
        对 数组名[i,j]的访问代码;
    }
}
```

例如,下面代码可以为intArray3中的每个元素赋值,将所有元素的值都设置为10。

```
for(int i=0;i<3;i++)
{
    for(int j=0;j<4;j++)
    {
        intArray3[i,j]=10;
    }
}
```

②使用foreach循环控制语句遍历二维数组

使用foreach循环控制语句遍历二维数组的方法和遍历一维数组的方法是一样的。

```
foreach (元素的数据类型 变量名 in 数组名)
{
    对 变量名的读操作代码;
}
```

(6)二维数组各维度的长度

二维数组中第一个维度的长度可以通过“数组名.GetLength(0)”来获取。思考,对于多维数组,如何获取其他维度的长度?如果对于一个二维数组,调用了GetLength(2)方法,会得到什么结果?如何通过GetLength()方法的结果值修改上面(5)中为数组

intArray3 中各元素赋值的例子代码？

实验内容和要求

创建控制台应用程序，在程序中声明一个 4 行 5 列的整型数组，数组元素的值依次为 0～19。使用 for 循环为数组元素赋值，并使用 foreach 循环控制语句输出数组中各元素的值，例如“第 1 个元素为 0”。程序运行的结果如图 13-1 所示。

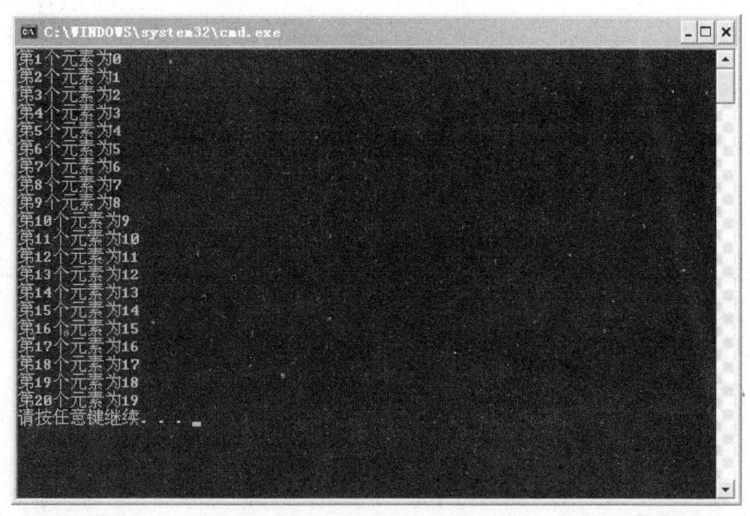

图 13-1　程序运行结果图

实验步骤

(1)启动 Visual Studio 2008，创建控制台应用程序 ExArrayTwo，并保存到适当的位置。

(2)在 Program. cs 文件的 Main()函数中添加代码，声明一个整型数组，并在声明的同时将数组初始化为一个 4 行 5 列的数组，其中的元素采用默认值。

(3)使用 for 循环控制语句按照实验要求为数组中各元素赋值。

(4)使用 foreach 循环控制语句按照实验要求输出数组中各元素的值。

(5)运行程序验证结果。

实验回顾

(1)执行实验步骤(2)后，数组中各元素的值是多少？

(2)在实验步骤(3)中，如何应用 GetLength 方法？

(3)简述一维数组与二维数组的异同。

实验14 交错数组

实验目的

(1)掌握交错数组声明的语法;

(2)理解并掌握交错数组元素初始化的方法;

(3)理解并掌握遍历交错数组元素的方法。

背景知识

(1)交错数组是元素为数组的数组。交错数组元素的维度和大小可以不同。交错数组有时称为"数组的数组",数组中的每个元素又是一个数组。

(2)声明交错数组

声明交错数组语法为:

```
数据类型[][] 数组名;
```

例如:

```
int[][] jaggedArray;
```

在上面的代码中声明了一个整型的交错数组 jaggedArray,该数组包含了未知个数的元素,每个元素的数据类型都是一维的整型数组。

(3)初始化交错数组

交错数组也必须初始化后元素才可以访问。初始化的方法主要包括如下几种。

①初始化交错数组的一般语法

```
数组元素类型[][] 数组名称=new 数组元素类型[元素个数][]
{
    new 数组元素类型[]{元素值1,元素值2,…元素值m1},
    new 数组元素类型[]{元素值1,元素值2,…元素值m2},
    …
    new 数组元素类型[]{元素值1,元素值2,…元素值mn}
};
```

其中,元素个数是可以省略的,等于后面{}中元素的个数,new 后面第二个[]中不能填写任何数字,因为每个元素又是一个新的数组,这些数组的长度可能是不一致的。

例如:

```
int[][] jaggedArray2 = new int[][]
{
    new int[] {1,3,5,7,9},
    new int[] {0,2,4,6},
    new int[] {11,22}
}
```

jaggedArray2 与 jaggedArray 的数据类型相同，但其值在声明的同时就得到了初始化；jaggedArray2 中包含 3 个元素，每个元素都是一个一维整型数组；第一个元素中包含了 5 个整型元素，第二个元素中包含了 4 个整型元素，第三个元素中包含 2 个整型元素。

②在声明的同时初始化交错数组

如果初始化操作是在声明的同时发生的，则上面的 new 数据类型[][]是可以省略的，语法为：

数组元素类型[][] 数组名称＝{new 数组元素类型[]{元素值 1,元素值 2,…元素值 m1}, new 数组元素类型[]{元素值 1,元素值 2,…元素值 m2},…,new 数组元素类型[]{元素值 1,元素值 2,…元素值 mn}};

则数组元素中的值即对应直接指定的值。例如：

```
int[][] jaggedArray3 =
{
    new int[] {1,3,5,7,9},
    new int[] {0,2,4,6},
    new int[] {11,22}
};
```

需要注意的是，这种直接赋值的方法只能在声明的同时进行，同时初始化每个元素时的 new 也不能够再省略。

(4)访问交错数组中的元素

访问交错数组中的指定元素仍然是通过数组名和下标来访问的，其语法为：

数组名称[i][j]

表示数组中第 i 个元素中的第 j 个元素。

(5)遍历交错数组

①使用 for 循环控制语句遍历交错数组

使用 for 循环控制语句遍历交错数组时，也需要通过循环的嵌套来实现。外层循环遍历数组中嵌套的数组的个数，内层循环遍历子数组中的元素。一般的方法为：

```
for(int i=0;i<交错数组中数组的个数;i++)
{
    for(int j=0;j<每个数组的元素个数;j++)
    {
        对 数组名[i,j]的访问代码;
    }
}
```

在上面的一般方法中，需要考虑的问题是如何在内层循环中用一个数或一个函数描述每个子数组中包含的元素的个数。

例如，下面代码可以输出 jaggedArray3 中每个元素的值，每个子数组一行，各元素之间以空格分隔。

```
for(int i=0;i< jaggedArray3. Length;i++)
{
```

```
    for(int j=0;j< jaggedArray3[i].Length;j++)
    {
        Console.Write (jaggedArray3[i][j]+" ");
    }
    Console.WriteLine();
}
```

②使用 foreach 循环控制语句遍历交错数组

使用 foreach 循环控制语句遍历交错数组时，由于交错数组的每个元素又是数组，因此需要 foreach 循环的嵌套来实现元素的遍历。

```
foreach (元素的数据类型[] 子数组变量名 in 数组名)
{
    foreach (元素的数据类型 元素变量名 in 子数组变量名)
    {
        对 元素变量名 执行读操作的代码;
    }
}
```

(6)交错数组中的长度问题

交错数组中各数组的长度都可以归结为 Length 属性。

实验内容和要求

创建控制台应用程序，在程序中声明一个包含了 4 个数组的交错数组，每个子数组中的元素个数依次为 4,3,2,1，同时，数组元素的值依次为 0～9。使用 for 循环为数组元素赋值，并使用 foreach 循环控制语句输出数组中各元素的值，每个子数组中的元素在同一行输出。程序运行的结果如图 14-1 所示。

图 14-1 程序运行结果图

实验步骤

(1)启动 Visual Studio 2008，创建控制台应用程序 ExJaggedArray，并保存到适当

位置。

(2)在 Program.cs 文件的 Main()函数中添加代码，声明一个整型交错数组，按照实验要求初始化该数组，使之包含 4 个数组，每个数组中元素个数依次为 4,3,2,1。

(3)使用 for 循环控制语句按照实验要求为数组中各元素赋值。

(4)使用 for 循环控制语句按照实验要求输出数组中各元素的值。

(5)运行程序验证结果。

实验回顾

(1)执行实验步骤(2)后，数组中各元素的值是多少？

(2)在实验步骤(3)中，如何编写 for 循环控制语句？如何将 Length 属性应用到 for 循环中？

(3)实验步骤(4)的实现代码是什么？

(4)通过实验 13 和实验 14，简述二维数组与交错数组的异同。

实验15 函数的定义和调用

实验目的

(1)掌握函数定义的语法；

(2)理解并掌握根据实际问题需求，编写函数头的方法；

(3)理解并掌握调用函数的语法和方法。

背景知识

(1)在程序中使用函数可以将若干条语句按照功能组织成一个独立的代码单元，这有利于复杂程序的组织和管理，有利于编程人员分工协作、逐步实现复杂的功能，有利于代码的重复利用和维护。由于C#是完全面向对象的语言，所以在C#中函数也称为方法。要使用函数，首先需要定义函数。在函数的定义中指定了函数所要完成的功能。函数的定义包含了两个部分：函数头和函数体。函数头是函数定义中的第一行，在左花括号之前；函数体位于一对花括号中，它包含了调用函数时要执行的代码。函数的定义格式如下：

```
修饰符 返回值类型 函数名(参数列表)←——————[函数头]
{
    函数体语句                    ←——————[函数体]
}
```

(2)修饰符：作用是声明函数的可访问性，包括 public，protected，internal，private。

(3)返回值：有返回值的函数会在函数体语句中计算出这个返回值，而返回值的数据类型需要在函数头中事先声明。它可以是任何合法的数据类型，包括自定义的数据类型。当然有的函数没有返回值，这个时候“返回值类型”的位置也不能为空，要用关键字 void 替代，代表没有返回值。

(4)函数名：是在程序中调用这个函数的名称，函数名的命名规则与命名变量相同。不可以使用C#语言中的关键字。

(5)参数列表：用于指定在函数被调用时，需要传递的内容。参数列表中可以包括多个参数，每个参数都要由参数类型和参数名称组成。参数列表可以为空。

(6)函数体：在进行函数调用时，程序会跳转到函数体内部执行。函数体中包含实现函数功能的代码。

(7)函数的调用：定义后的函数，通过“函数名(参数列表)”的形式可以进行调用，调用的函数中的代码才会被执行。需要注意的是，在调用函数时，参数列表中只给出参数对应的变量或常量，而不需要再次声明参数的数据类型。

实验内容和要求

创建控制台应用程序，实现下面的要求：

(1)编写名为 GetInputArray 的函数,该函数返回一个整型数组,该数组的大小和元素的值都由用户从控制台输入。

(2)编写名为 OutputArray 的函数,该函数可以将一个指定的整型数组中的每个元素输出,元素之间以空格分隔。

(3)编写名为 GetMaxIndex 的函数,该函数可以查找指定整型数组中最大元素对应的下标值,并返回。

(4)在主函数中依次调用三个函数 GetInputArray()、OutputArray()和 GetMaxIndex(),从控制台由用户定义一个整型数组,输出用户定义的整型数组中的每个元素的值,并输出该数组中最大元素及其对应的下标值。

图 15-1 为某次执行程序的结果图。

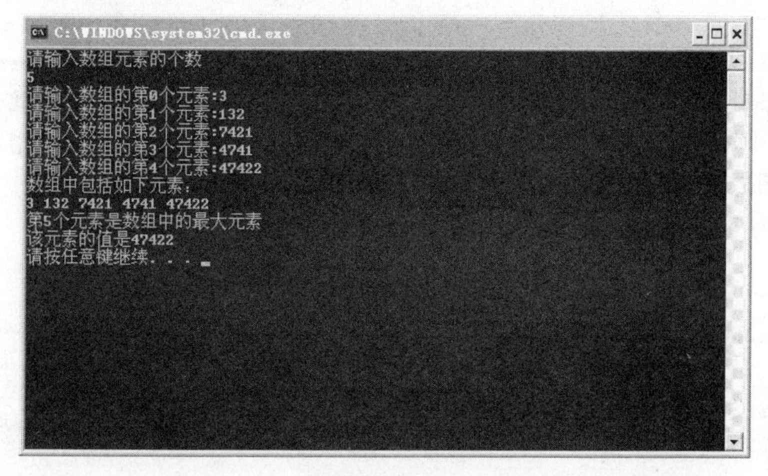

图 15-1　程序运行结果图

实验步骤

(1)启动 Visual Studio 2008,创建控制台应用程序 ExFunctionDefAndCall,并保存到适当的位置。

(2)在 Program.cs 文件中添加函数 GetInputArray(),实现实验要求中的功能。

(3)在 Program.cs 文件中添加函数 OutputArray(),实现实验要求中的功能。

(4)在 Program.cs 文件中添加函数 GetMaxIndex(),实现实验要求中的功能。

(5)在 Program.cs 文件的 Main()函数中依次调用前面的三个函数。

(6)运行程序验证结果。

实验回顾

(1)在函数的定义中首先要学会如何编写函数头,掌握函数头中参数设置及返回值类型确定的技巧。当函数中需要的所有参数都可以通过控制台输入时,函数参数应设置为________,需要指定值的参数写在参数列表中;当函数中得到的结果都直接输出到控制台,在调用该函数的位置不需要保存中间结果时,该函数的返回值类型应设置为________。

(2)根据上面的原则,本实验中的三个函数的函数头应如何编写?

(3)写出本实验中调用三个函数的代码,并总结调用函数的一般方法。

实验16 引用参数和输出参数

实验目的

（1）掌握函数中引用参数和输出参数的概念和定义的语法；

（2）掌握调用包含引用参数和输出参数的函数的方法；

（3）理解并掌握引用参数和输出参数的使用情景。

背景知识

（1）函数的值参数和引用参数

函数的值参数是在调用函数时把一个值传递给函数使用。在函数中对此变量进行的任何修改都不影响该参数的原始值。例如，下面的代码中，在函数中修改了指定的整型变量值，但当函数结束后，该变量的值没有变成原来的2倍，而是保持着原始值。

```
static void ShowDouble(int val)
{
    val=val * 2;
    Console.WriteLine("val doubled is {0}",val);
}
static void Show()
{
    int myNum=5;
    Console.WriteLine("myNum is {0}",myNum);
    ShowDouble(myNum);
    Console.WriteLine("myNum is {0}",myNum);
}
```

（2）函数的参数也可以为引用类型，在函数中对此引用参数进行修改直接影响该参数的原始值。例如将上面的代码修改如下：

```
static void ShowDouble(int[] val)
{
    val[0]=val[0] * 2;
    Console.WriteLine("val doubled is {0}",val[0]);
}
static void Show()
{
    int[] myNum={5};
    Console.WriteLine("myNum is {0}",myNum[0]);
    ShowDouble(myNum);
    Console.WriteLine("myNum is {0}",myNum[0]);
}
```

执行程序就可以看到，在函数中对数组 myNum 中第一个元素的修改，当函数结束后仍然有效。

(3)引用类型参数的种类

两种参数可成为引用型参数，一种是参数本身的数据类型为 string 和 object 以外的引用类型；一种是参数前面添加 ref 修饰，一般提到引用参数多指这种情况，具体的语法为：

ref *参数类型 参数名*

引用参数可以位于参数列表的任何位置。

(4)包含了引用类型参数的函数调用

在调用包含了引用类型参数的函数时，对应的引用类型参数前面也要加 ref 标明。例如：

函数头 static void ShowDouble(ref double val)

则调用该函数时代码如下：

```
double aVal=5;
ShowDouble(ref aVal);
```

(5)输出参数：一个函数最多只有一个返回值，如果非常希望返回多个值可以使用输出参数，用 out 关键字修饰。

①可以把未赋值的变量作为 out 参数使用，而且最好是未初始化的(因为在调用函数的同时，其输出参数中的值就会被清空，原有的值就会丢失)。

②在调用函数时，指定该参数也要在参数前添加 out 关键字。

③需要注意的是，常量不能作为引用型参数传递。

实验内容和要求

创建控制台应用程序，计算数组(包含 10 个元素的整型数组)中前指定个数元素中的最大值及对应的索引值，计算该数组所有元素的最大值、最小值及对应的索引值。要求，数组中各元素的值为随机值；生成数组、计算指定数组中前指定个数元素中的最大值及索引值的功能，以及同时计算最大值、最小值的索引值的功能通过编写函数实现值。图 16-1 为某次执行程序的结果。

实验步骤

(1)启动 Visual Studio 2008，创建控制台应用程序 ExRefAndOutParam，并保存到适当的位置。

(2)在 Program. cs 文件中添加函数 CreateArrayListRandomly()，该函数可以随机生成长度为指定值的整型数组。

(3)在 Program. cs 文件中添加函数 GetMaxAndIndexByFirstN()，实现对指定数组中前指定个数元素中的最大值及索引值的计算，将最大值保存在引用参数中，将索引值作为返回值返回。

(4)在 Program. cs 文件中添加函数 GetMaxMiniIndexes()，实现对指定数组中最大值、最小值索引的计算并返回获取到的值。

(5)在 Program. cs 文件的 Main()函数中，提示用户输入一个 1～10 的数字，从控制

图 16-1 程序运行结果图

台读取用户的输入，并将其转换成整型数据。

(6)在 Program.cs 文件的 Main()函数中，依次调用前面的三个函数，首先随机生成一个包含 10 个元素的整型数组，并在函数 GetMaxAndIndexByFirstN()和 GetMaxMiniIndexes()调用后，输出计算结果。

(7)运行程序验证结果。

实验回顾

(1)简述值参和引用参数的区别。

(2)简述引用参数和输出参数的异同；是否所有使用输出参数的地方，都可以用引用参数替换？反之如何？

(3)函数 GetMaxAndIndexByFirstN()和 GetMaxMiniIndexes()的参数列表应如何设计？

实验17 参数数组

实验目的

(1)掌握参数数组定义的语法;

(2)理解并掌握参数数组的使用情景和使用方法。

背景知识

(1)在C#语言的语法中,当函数需要指定多个同种类型的参数值,而参数的个数又不确定时,可以使用一个(最多一个)特殊的参数,称为参数数组。

(2)参数数组的使用要求

①这个参数只能作为参数列表中的最后一个参数;

②这些个数不定的参数类型必须一致。

(3)定义参数数组的语法

定义的语法为:

```
params 参数的数据类型[] 参数数组的名称
```

例如,可以定义函数头如下:

```
int GetMaxFromNumbers(params int[] numbers)
```

该函数的作用是可以从一组整型数据中查找最大的整数。

(4)参数数组的使用

在函数中可以将参数数组作为普通的数组类型的参数使用,区别在于数组类型的参数为引用参数,当函数结束后,在函数中对参数的修改会保留;而参数数组是值类型的参数,在函数中对参数的修改,当函数结束后会恢复到原始值。

实验内容和要求

创建控制台应用程序,添加函数CalSum(),该函数可以计算任意个数的整型数据的和。在主函数中调用该函数,分别计算1~5的和,1~10的和。图17-1为执行程序的结果图。

实验步骤

(1)启动Visual Studio 2008,创建控制台应用程序ExParameterArray,并保存到适当的位置。

(2)在Program.cs文件中添加函数CalSum,实现实验要求中的功能。

(3)在Program.cs文件的Main()函数中调用函数CalSum,计算1~5的和,并输出计算结果。

(4)在Program.cs文件的Main()函数中调用函数CalSum,计算1~10的和,并输出计算结果。

(5)运行程序验证结果。

图 17-1 程序的执行结果图

实验回顾

(1)总结参数数组的使用情景。

(2)思考:设计什么样的实验,可以验证背景知识(4)中关于参数数组与数组参数的区别的说法?

实验18 函数的重载

实验目的

(1)掌握函数重载语法;

(2)理解并掌握函数重载的使用情景。

背景知识

(1)函数重载的定义

C#中可以定义名称相同,但参数列表不相同的函数,这种情况称为函数的重载。在调用函数时,编译器会根据给定参数类型或个数的不同自动区分应该调用哪个函数。

重载函数的定义与普通函数的定义在语法上没有区别,只要两个函数的参数不同,编译器就可以识别它们。这里所说的参数不同包括如下几种情况:

①参数的类型不同;

②参数的个数不同;

③参数的顺序不同。

(2)需要注意的是:不可以定义函数名、参数列表都相同,只有返回值类型不同的函数。因为编译器是根据参数列表来区分同名函数的,上述情况下编译器无法区别。

实验内容和要求

创建控制台应用程序,编写重载函数 Add(),它能把两个变量加在一起,并返回它们的和。实现参数类型分别是 int 和 string 的 Add()函数的重载版本。从控制台读取用户输入的两个整型数据,查看分别把它们作为 int 型数据和 string 型数据,调用 Add 方法得到的结果。图 18-1 为某次执行程序的结果图。

图 18-1 程序的执行结果图

实验步骤

(1)启动 Visual Studio 2008,创建控制台应用程序 ExOverride,并保存到适当的位置。

(2)在 Program.cs 文件中添加函数 Add(),该函数可以计算并返回两个指定整型数据的和。

(3)在 Program.cs 文件中添加函数 Add(),该函数可以计算并返回两个指定 string 型数据的连接结果。

(4)在 Program.cs 文件的 Main()函数中,提示用户输入两个整型数据,从控制台读取用户的输入,并将每个数据保存到整型和 string 型两个变量中。

(5)在 Program.cs 文件的 Main()函数中,两次调用 Add()方法,第一次输入整数类型的变量作为参数,第二次使用 string 型变量作为参数,把执行结果输出到控制台。

(6)运行程序验证结果。

实验回顾

(1)在实验步骤(2)和步骤(3)中定义了两个 Add()函数,就函数头的定义来说,有哪些相同的地方,有哪些不同的地方?

(2)简述函数重载的意义。

实验19 委托

实验目的

(1)掌握委托相关的语法；

(2)理解并掌握委托的定义、声明和实例化的过程。

背景知识

(1)委托是一种可以把引用存储为函数的类型。委托的定义非常类似于函数，但没有函数体，而且要使用delegate关键字。在定义委托之后，就可以声明该委托类型的变量了。可将该变量初始化为与委托有相同签名的函数引用，然后使用委托变量调用这个函数。

(2)在具有可引用函数的变量后，还可以执行不能用其他方式完成的操作。例如，可以把委托变量作为参数传递给一个函数，这样，该函数就可以使用委托调用它引用的任何函数，而且，在运行之前无需知道调用的是哪个函数。

(3)使用委托包含了如下几种语法。

①委托定义的语法：

delegate 返回值类型 委托类型名(参数列表)；

委托和类、枚举、结构等类似，都是用户自定义的一种数据类型，委托是一种引用类型；从定义的语法看，委托的定义和函数头的定义非常类似，只是在前面增加了delegate关键字，而且委托的定义中没有代码体，委托类型名通常采用PascalCase的命名方式；委托实际上是定义了一种签名，这里，把委托中定义的返回值类型和参数列表统称为委托的签名。

②声明委托类型的变量：

委托类型名 委托变量名；

声明委托类型的变量和声明其他类型的变量语法是一致的，只不过变量名之前的int、string、char等系统预定义的数据类型由用户自定义的委托类型替换了；由于委托是引用类型，委托类型的变量也称为委托对象。

③委托对象的实例化语法：

委托变量名＝new 委托类型名(函数名)；

创建了委托实例之后，该委托就成为对对应函数的引用了，此后的代码中直接使用委托变量名，就可以调用对应的函数。这里要求对应的函数签名一定和委托类型的签名是一致的，否则实例化的过程无法通过编译器的编译。

实验内容和要求

在控制台应用程序中，让用户输入两个运算数(可以是小数)，然后根据用户选择，对这两个运算数执行加、减、乘、除运算中的一种，并输出计算结果。要求使用委托来实现上述的功能。代码执行的预期结果如图 19-1 所示。

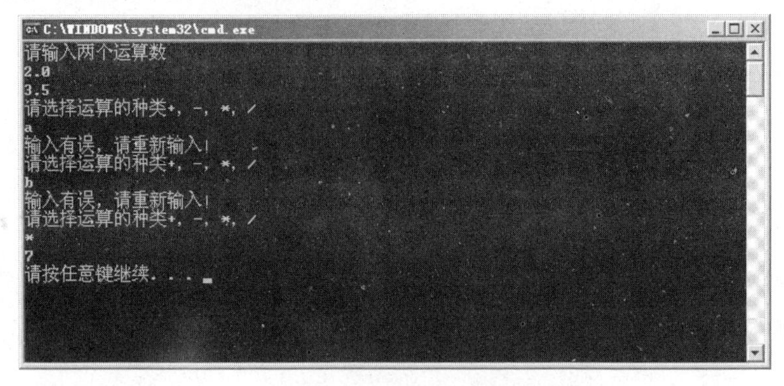

图 19-1 实验的预期结果

实验步骤

(1)启动 Visual Studio 2008，创建控制台应用程序 ExDelegate，并保存到适当的位置。

(2)在 Program. cs 文件中编写名为 Add、Minus、Multiply 和 Divid 的 4 个方法，分别实现两个双精度浮点数的加、减、乘、除运算，并返回计算结果。

(3)在 Program. cs 文件中添加一个委托类型 DelegateCalculate 的定义，该委托的签名与前面四则运算的四个函数的签名一致。

(4)在 Program. cs 文件中添加一个方法 InputParams()，该方法可以提示用户输入两个运算数，并从控制台读取用户的输入，将输入的值经过类型转换后，分别赋值给两个输出参数 param1 和 param2。

(5)在 Program. cs 文件中添加方法 DelegateWithFunc()，该方法可以提示用户可选的运算类型，并根据用户选择的操作类型将一个 DelegateCalculate 委托变量实例化，使其能够引用对应的运算函数；如果用户选择的运算类型不在可选的范围内，就让用户重新输入运算类型，直到符合要求为止；在函数结束时返回该委托变量。

(6)在 Program. cs 文件中添加方法 ActCalculate()，该方法引用指定的委托 DelegateCalculate 类型参数对应的函数，执行用户选定的运算，并输出结果。

(7)在 Program. cs 文件的 Main()函数中添加代码，一次调用前面定义的各个方法，以得到实验要求的结果。

(8)执行程序以查看结果。

实验回顾

(1)当有多个函数可实现的功能类似，参数以及返回值类型都相同，而且在具体的代码执行过程中，可能需要根据实际情况选择其中的一个或两个函数来执行，就可以为这些函数定一个统一的________，这些函数的签名都满足该________的签名；在代码执行的过程中，根据实际情况，实例化委托类型的变量，让其引用适当的函数；最终通过________的语法形式调用委托对应的函数，实现要求的功能。

(2)委托是一种________类型，将委托实例化的过程实际上是________的过程。

(3)在上面的实验中，如何确保用户选择的运算得到执行？

实验20 猜数字游戏*

实验目的

这是一个综合性的实验，通过本实验的练习，可以达到如下实验目的：

(1)理解并掌握函数定义的语法；

(2)理解并掌握函数头定义的技巧，包括函数的参数列表的设置和返回值类型的设置；

(3)理解并掌握函数调用的方法；

(4)能够把较大的问题分隔成若干个较小的问题，通过适当的函数实现。

实验内容和要求

实验结果如图 20-1 所示。

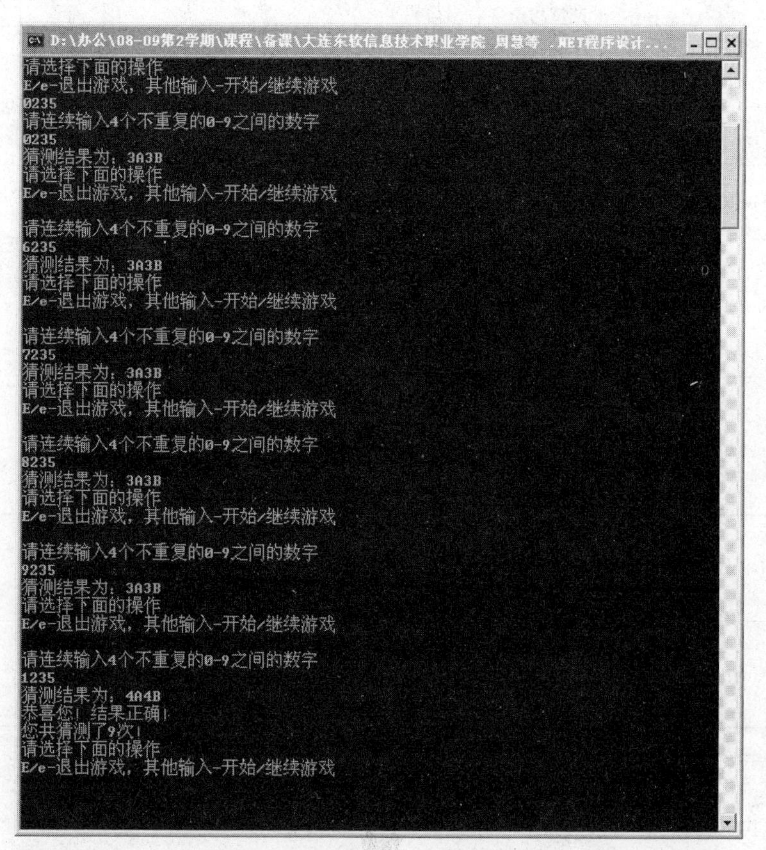

图 20-1　实验结果图

在控制台应用程序中,随机生成数字,用户来猜。程序随机生成一个没有重复的 4 位数。每猜一个新的 4 位数,程序就要根据其与随机数的比较,以"*A*B"的形式指出用户猜的正误情况,其中 A 前面的数字表示位置正确的个数,而 B 前的数字表示数字正确的个数。

如正确答案为 5234,而用户猜 5346,则是 1A3B,其中有一个 5 的位置正确,记为 1A,而 5、3 和 4 这 3 个数字正确,记为 3B,合起来就是 1A3B。

接着用户再根据输出的"*A*B"的结果继续猜测,直到猜中为止。输出猜测次数。

实验步骤

(1)启动 Visual Studio 2008,创建控制台应用程序 ExGuessNum,并保存到适当的位置。

(2)在 Program.cs 文件中添加函数如表 20-1 所示。

表 20-1 猜数字游戏中用到的函数

编号	函数名称	函数的作用	函数的参数	函数的返回值	调用函数编号
1	CalAAndB	计算指定字符串与程序随机生成的字符串比较,相同的有几个,数字正确但位置不正确的有几个	string,用户输入的指定字符串;string,程序中随机生成的数字字符串	string,判断结果*A*B	
2	GetRandomNums	生成一个不重复数字字符串	int,指定字符串长度	string,生成的字符串	3
3	NumHasGenerated	判断指定数字是否已经生成过(用于协助生成不重复的数字构成的字符串)	string,指定的新数字对应的字符串;string,已生成数字对应的字符串	bool,已经生成过返回 true,否则返回 false	
4	CheckFormat	判断用户输入是否符合格式要求,即用户输入是否为 4 个不重复数字	string,用户输入的字符串	bool,格式正确,返回 true,否则返回 false	5,6
5	IsStringANumber	判断指定字符串或字符数组是否全部为数字	string,指定字符数组	bool,是返回 true,不是返回 false	
6	CharsAllDifferent	判断指定的字符串或字符数组中的各个字符是否各不相同	string,指定字符数组	bool,各不相同返回 true,有相同的返回 false	3

(3)在 Program.cs 文件的 Main()函数中添加代码,编写主控流程,在适当的位置调用前面定义的方法,以得到实验要求的结果。实验主流程如图 20-2 所示。

(4)执行程序以查看结果。

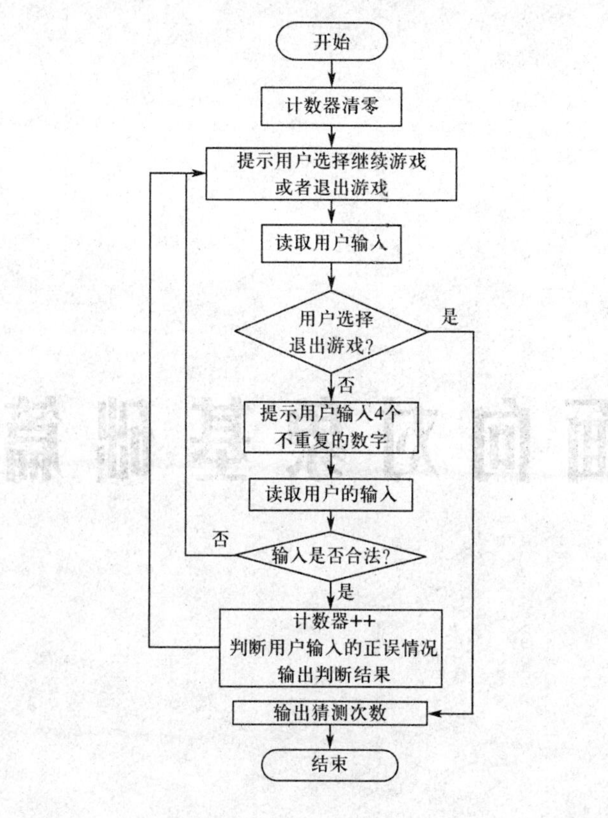

图 20-2　实验的主流程图

面向对象基础篇

实验21 类的定义

实验目的

(1)掌握声明和定义类的语法和 Visual Studio 2008 中创建类的方法；

(2)理解并掌握类的访问修饰符的作用和使用情景；

(3)理解并掌握类的构造函数的语法和作用，掌握析构函数的语法。

背景知识

(1)类是一个用来定义对象形式的模版。它指定了数据以及操作数据的代码。C#使用类的规范来构造对象，而对象是类的实例。从定义上来说，类是一个数据结构，包含数据成员(属性、字段)、功能成员(方法、事件、构造和析构函数等)和嵌套类型。

(2)定义和声明类的语法如下：

```
[类的修饰符] class 类名[:基类类名][,基接口列表]
{
    成员列表;
}
```

其中，类的修饰符可以是 public、internal 与 abstract、sealed 等的组合。public 和 internal 是访问修饰符，决定该类的访问限制级别及可访问性；abstract、sealed 是普通修饰符，决定类的种类和作用。类的访问修饰符默认值为 internal。abstract 修饰的类称为抽象类，sealed 修饰的类称为密封类，如表 21-1 所示。

表 21-1 为类的修饰符可用的组合以及其含义

组合修饰符	作用和含义
public	可以在程序的任何位置访问该类；类可以实例化，也可以被继承
internal	只能在类所在项目中访问该类；类可以实例化，也可以被继承
public abstract	可以在程序的任何位置访问该类；类不能够实例化，只能被继承
public sealed	可以在程序的任何位置访问该类；类可以实例化，但不能被继承
internal abstract 或 abstract	只能在类所在项目中访问该类；类不能够被实例化，只能被继承
internal sealed 或 sealed	只能在类所在项目中访问该类；类可以实例化，但不能被继承

(3)类的继承

需要注意的是C#不允许派生类的可访问性高于基类，也就是说 internal 修饰的类可以继承自 public 修饰的类，反之则不允许。

C#不支持多重继承，C#中定义的类，最多只能显式地定义一个基类，但是可以有多个基接口；如果一个类既有基类又继承自多个接口，必须把基类写在基接口的前面；派生类仍然可以作为其他类的基类使用；一个类如果没有显式地定义基类，则该类直接派生自

Object 类。

(4)类的命名

遵守常用规范,养成良好的编程习惯是非常重要的。类的声明中,类的名字一般使用 PascalCase 的命名方式;类的成员中,字段一般使用 CamelCase 的命名方式;其他成员多使用 PascalCase 的命名方式。

(5)类的构造函数

构造函数是类的一个重要成员,构造函数中一般实现对类成员的初始化工作。构造函数的语法如下:

```
[访问修饰符] 类名(参数列表)
{
    代码段;
}
```

从语法要求上来看:C#中类的构造函数是没有返回值的,在声明构造函数时也不允许指明返回值类型;构造函数的访问修饰符可以是 public、private、protected 和 internal,但一般使用 public 作为访问限制,private 修饰的构造函数,决定了该类是无法实例化的;构造函数的参数个数几乎是没有限制的(只要不耗尽内存就可以),可以为一个类定义多个参数不同(参数个数不同,或者参数类别不同)的构造函数,称为构造函数的重载。

构造函数不能被显式地调用,在实例化类的对象时,默认地调用了类的构造函数。

(6)类的析构函数

析构函数的主要作用是释放类中使用的资源,比如关闭打开的文件,或者断开和数据库的连接等。析构函数的语法如下:

```
~类名()
{
    代码段;
}
```

一个类只能包含一个析构函数,析构函数是无法继承或重载的,也不能被显式地调用,在释放类的时候,会自动调用析构函数;析构函数既没有修饰符也没有参数。

实验内容和要求

创建控制台应用程序,创建 Animal 类,体会类的修饰符 abstract 的限制;添加类 Dog,并将 Animal 类作为 Dog 的基类,体会类的修饰符 sealed 的限制;实例化 Animal 类的实例,体会构造函数的执行时机,以及如何区分重载的构造函数。

实验步骤

(1)使用 Visual Studio 2008,新建控制台应用程序 ClassDefination,并保存到适当的位置。

(2)在解决方案资源管理器中右键单击项目名称"ClassDefination",在弹出的菜单中选中【添加】→【类】菜单项;在弹出的窗体上修改类文件的名称为"Animal. cs";点击【添加】按钮。此时,Visual Studio 2008 会创建一个名为"Animal. cs"的文件,该文件中包含了 Animal 类的声明和定义的代码;在解决方案资源管理器中双击 Animal. cs 文件,打开该文件，并查看和编辑 Animal 类的声明和定义的代码。

(3)修改 Animal.cs 文件中 Animal 类的声明和定义代码为：

```
abstract class Animal
{
}
```

在 Program 类的主函数 Main()中，添加如下代码：

```
Animal anAnimal=new Animal();
```

使用 Ctrl+F5 运行程序，查看结果，体会 abstract 关键字修饰类的作用。修改步骤(3)中的代码，使之能够正确执行。

(4)将(3)中的代码修改为：

```
sealed class Animal
{
}
```

(5)参照步骤(2)添加一个新的类 Dog，使该类继承自 Animal 类，代码如下：

```
class Dog: Animal
{
}
```

使用 Ctrl+F5 运行程序，查看结果，体会 sealed 关键字的作用。修改步骤(5)中的代码，使之能够正确执行。

(6)编辑 Animal.cs 文件中的代码，为 Animal 类添加两个构造函数，如下：

```
public Animal()
{
    Console.WriteLine("无参的构造函数");
}
public Animal(int i)
{
    Console.WriteLine("有参的构造函数");
}
```

修改 Program 类的主函数 Main()中的代码为：

```
Animal aDog=new Animal ();
```

使用 Ctrl+F5 运行程序，查看代码的执行结果，观察哪个构造函数得到了执行。

(7)修改 Program 类的主函数 Main()中的代码为：

```
Animal aDog=new Animal (3);
```

使用 Ctrl+F5 运行程序，查看代码的执行结果，观察哪个构造函数得到了执行。

实验回顾

(1)在.NET 的项目中，一般为每个类创建一个后缀名为 cs 的类的同名文件，类的声明和定义的代码就写在对应的 cs 文件中。在应用程序中添加类的过程为：在________中右键单击________，在弹出菜单中选择________→________，修改________，点击【添加】

按钮。

(2)C#中的类,如果使用________修饰,该类无法被继承;如果使用________修饰,该类无法实例化。

(3)在访问类的非静态成员之前,必须要先实例化类的对象,然后通过对象来访问成员,请给出具体的语法描述。

(4)创建类的实例时,会调用该类中的构造函数,根据上面的实验步骤(6)和(7),说明编译器根据什么决定调用哪个构造函数,并分析构造函数与其他函数的异同。

实验22 定义和访问类的成员

实验目的

(1)掌握类的成员中字段、属性和方法的定义及访问方法；

(2)理解并掌握类成员的访问级别及对应的关键字；

(3)理解并掌握 C# 中字段和属性的使用情景；

(4)掌握为属性编写注释的正确方法。

背景知识

(1)类的成员都有自己的访问级别，访问修饰符包含：public、private、protected、internal。

①public——成员可以由任何代码访问；

②private——成员只能由类中的代码访问(没有使用访问限制符修饰的成员，默认其访问限制级别为 private)；

③internal——成员只能由所在项目内部的代码访问；

④protected——成员只能由类或派生类中的代码访问。

(2)类的字段成员主要用于描述类的特性，存放类的数据，定义字段成员的语法为：

```
[修饰符] 数据类型  字段名;
```

字段的命名规则符合 C# 中关键字的命名规则，一般使用 CamelCase 命名法。这里的修饰符除了可以使用前面提到的 4 个关键字之外，还可以是它们与 static、const 和 readonly 的组合。为体现类的封装性，类的字段成员在类的外部不允许任意访问，因此，成员的访问限制级别一般设定为 private。const、static 和 readonly 的用法见实验 23。

(3)如(2)中提到的，类中的字段一般使用 private 级别的访问限制符修饰，在类的外部不允许对字段的任意访问，而属性的作用就是字段访问器，为在类的外部访问字段提供接口。属性的语法为：

```
[修饰符] 数据类型  属性名
{
    [可访问修饰符]get
    {
        获取值的代码块，包含了 return 语句；
    }
    [可访问修饰符]set
    {
        修改字段值的代码块，包含了赋值语句；
    }
}
```

属性的命名一般采用 PascalCase 方式；属性中的 get 称为读访问器，set 称为写访问器；属性可以只包含读访问器 get，或者只包含了写访问器 set；在写访问器 set 中的赋值语句里使用 value 关键字来引用用户提供的属性值；在获取值和设置值之前还可以进行相应的判断；属性也可以使用 virtual、override 和 abstract 关键字修饰，分别用于基类的属性定义、派生类中重写属性以及抽象类中属性的定义；此外，访问器也可以有可访问性限制，如果在访问器之前没有添加可访问修饰符，则认为访问器的访问限制级别与整个属性是一致的，访问器的访问性限制不能高于其所属的属性。下面的例子是在 Human 类中定义一个字段和属性的用法。

```
public class Human
{
    private decimal money;
    public decimal Money
    {
        get{return money;}
        set{money=value;}
    }
}
```

在上面的例子中定义了一个 Human 类，该类中包含一个名为 money 的字段，由于类的封装性，类中的字段成员一般声明为私有 private。为了在类的外部访问类的字段，为 money 字段编写了 Money 属性，实现对 money 字段的读写操作。

(4)为了在使用属性的时候能够看到对属性的用途等信息的描述，可以在类的定义中为属性添加注释，注释的标准写法为：

```
///<summary>
/// 注释的内容
///</summary>
属性的声明和定义
```

(5)类的方法的定义要使用标准的函数格式，语法如下：

```
[修饰符] 返回值类型 方法名(参数列表)
{
    方法体;
}
```

修饰符可以是访问限制修饰符和 virtual、abstract、override 和 extern 的组合。用 virtual 修饰的方法可以重写；abstract 修饰的方法必须在抽象的派生类中重写(只用于抽象类中)；override 修饰的方法重写了一个基类的方法(如果方法被重写，就必须使用这个关键字)，extern 修饰的方法定义在其他地方。

实验内容和要求

创建控制台应用程序，编写类 Card，用于描述扑克牌，该类包含两个字段，cColor 和 cRank，分别表示扑克牌的花色和分值；并为该类编写相应的构造函数、属性以及方法，可以随机生成牌面，或者根据指定的牌面生成扑克牌。在主函数中创建一张扑克牌，随机决定这张牌的牌面，并输出。

实验步骤

(1)启动 Visual Studio 2008,创建控制台应用程序 ExCard,并保存到适当的位置。

(2)使用实验 21 中的方法为 ExCard 添加一个类 Card,将其存放在单独的 Card. cs 文件中。

(3)参照实验 10,在 Card. cs 文件中添加两个枚举的定义,CardColor 描述花色,含有四个枚举成员 Spade、Club、Heart 和 Diamond;CardRank 描述牌的分值,含有 15 个成员 Ace、Two、Three、Four、Five、Six、Seven、Eight、Nine、Ten、Jack、Queen、King、BigJoker,以及 SmallJoker。

(4)修改 Card. cs 文件中 Card 类的定义,为其添加两个私有字段 cColor 和 cRank,其类型分别为前面定义的两个枚举 CardColor 和 CardRank。

(5)为 Card 类添加一个名为 GenerateCardRandomly 的方法,该方法随机生成牌的花色和分值,并用随机生成的值为类中的两个字段赋值,没有输入和输出参数。

(6)为 Card 类添加一个无参的构造函数,在该函数中通过调用 GenerateCardRandomly()方法,为类中的两个成员字段赋值。

(7)为 Card 类添加一个名为 CardSign 的只读属性,该属性用于获取牌面,即牌的花色和分值,如果牌的分值为大小王,则只获取分值;如果牌的分值为大小王以外的其他值,同时则获取花色和分值的信息;获取的信息以字符串的形式返回;同时为该属性添加注释"获取扑克牌的牌面,包括花色和值"。

(8)在 Program 类的 Main()函数中添加代码,创建一张具体的扑克牌,并通过输出牌的 CardSign 属性,查看牌面的内容;在访问 CardSign 属性时,当通过 Visual Studio 2008 的提示,选中 CardSign 时,可以看到对该属性的解释,如图 22-1 所示;程序的一个运行结果如图 22-2 所示。由于牌面为随机生成,最终的运行结果会根据牌面的不同而显示的不同。

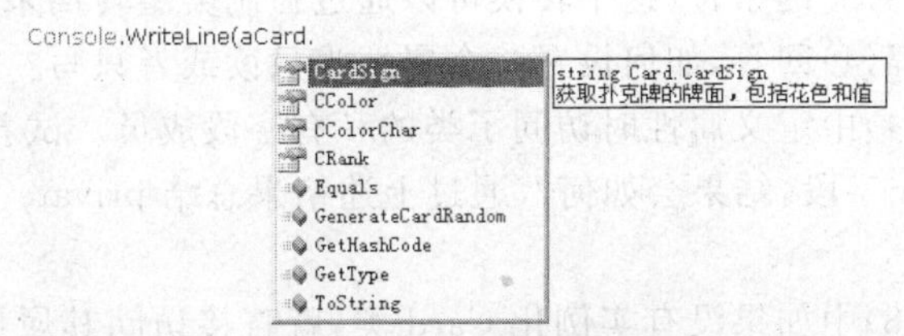

图 22-1　对属性的解释在访问属性时会看到

图 22-2　本实验的一个运行结果

实验回顾

(1)根据上面的实验步骤(3)体会,当变量可取值的个数________,并且为确定的________(填数据类型)时,可以为其定义一个枚举类型,作为描述数据的类型。

(2)在类当中属性的作用是________,一个属性可以和________个字段相关联;在属性的读写访问器中,还可以添加 if 条件句,以实现在某些条件成立的情况下,获取或设置某些字段的值。

(3)对现有的代码如何修改,能够得到如图 22-3 所示的执行结果? 给出代码或思路。(花色用对应的符号来表示,牌面的值如果是 2~10,则显示对应的数字;牌面的值如果是 Ace、Jack、Queen,或者 King,使用对应的枚举值显示)

图 22-3 一种更好的实验结果

通过实现上述功能,可以得到如下的结论:每个枚举成员都默认地对应了一个基本类型的值,默认该值从 0 开始编号,即第一个枚举成员对应的值为 0,第二个枚举成员对应的值为 1,以此类推;但有的时候也可以修改每个枚举成员对应的值,写成:"枚举成员=值";在获取牌面的时候,由于希望获取的是和花色对应的符号,而不是枚举值,因此,需要首先将枚举值转换成对应的字符,这个转换可以通过强制类型转换来实现。

(4)根据实验步骤(4)回答,如何设置一个属性为只读或者只写?

(5)在实验步骤(4)中定义属性时访问了类的私有字段成员。试着在主函数中再次访问 cColor 或者 cRank 字段,结果会如何? 通过上述结果总结 private 对类成员的限制,并说一说属性的作用。

(6)在实验步骤(8)中如果没有实例化 Card 类,就直接访问其属性成员 CardSign,会产生什么结果? 通过这一结论总结访问类的成员的方法。

实验23 static、readonly和const

实验目的

(1)理解并掌握 static、readonly 和 const 在类的成员定义时的作用;

(2)理解并掌握 static、readonly 和 const 修饰的类成员的访问方法;

(3)理解并掌握上述三个修饰符的使用情景。

背景知识

(1)static

使用关键字 static 修饰的成员称为静态成员。在访问级别允许的情况下,在类及其派生类中访问类的静态成员,可以直接访问;在类及其派生类以外,访问类的静态成员的语法为:

类名.成员名

需要注意的是,在静态的成员方法中,可以直接访问本类中的静态成员,但对于本类中的非静态成员,是不能够直接访问的,要参考在类及其派生类之外访问非静态成员的方法来访问。

(2)const

const 修饰的字段中保存常量值,该字段必须在声明的同时初始化,const 字段默认就是 static 的,不需要再显式地将字段声明为 static。

(3)readonly

readonly 修饰的字段可以在声明的同时初始化,也可以在构造函数中初始化,但是在代码的其他位置修改该字段的值都是会引发编译错误,readonly 修饰的字段也可以作为静态成员来使用,但是它不是默认 static 的,需要显式地说明。

实验内容和要求

在控制台应用程序中创建类 Human 及其派生类 BlackHuman;为 Human 定义一些静态和非静态的字段,并编写构造函数;为 BlackHuman 编写构造函数;在主函数中实例化 BlackHuman;体会使用静态成员的使用情景。

实验步骤

(1)创建控制台应用程序 ExStaticReadonlyAndConst,并保存到适当的位置。

(2)为应用程序添加类 Human,并保存在 Human.cs 文件中。

(3)为 Human 类添加公共的常量字段 Subject,该字段数据类型为 string,在声明该字段的同时为该字段赋值为“灵长类”;为 Human 类添加私有成员字段 name 和公共字段 sex,name 为 string 类型,sex 为 bool 类型,sex 字段还需要添加修饰符 readonly,当字段值为 true 表示女生,false 表示男生。

(4)为 Human 类的 name 字段添加读写属性 Name;为 Human 类添加构造函数,一个无参的构造函数，在构造函数中为 name 字段和 sex 字段赋默认的值；在 Program 类的主函数 Main()中添加如下代码：

Human aHuman＝new Human()；

Console. WriteLine(aHuman. Name＋"所属科目为："＋aHuman. subject)；

使用 F5 或者 Ctrl＋F5 运行程序查看，会得到如图 23-1 所示的结果。

图 23-1 通过对象访问 const 成员、修改 readonly 成员的结果

将 subject 字段的修饰符从 const 修改为 static，再次执行程序，仍然得到如图 23-1 所示的结果。

根据 const 相关知识背景，思考上述代码应如何修改。

完成代码的修改后，在 Program 类的主函数 Main()中继续添加如下代码：

aHuman. sex＝false；

使用 F5 或者 Ctrl＋F5，启动程序查看结果，会得到如图 23-1 所示的结果。

将代码修改为：Console. WriteLine(aHuman. sex)；再次执行程序，会发现没有编译错误，而且显示性别为默认的值。

从上面的操作中体会并思考 readonly 关键字的使用情景。

实验回顾

(1)通过实验步骤(4)可以得到下面的结论：如果某个字段的值在类的实例创建后不会得到修改，而对于不同的实例该字段的值又可能有所不同，那么该字段应使用________关键字来修饰；如果某个字段的值对于类的任何实例都是相同的，而且不会在程序执行的过程中发生变化，那么该字段应使用________关键字来修饰；如果某个字段的值对于类的任何实例都是相同的，但在程序执行的过程中会发生变化，那么该字段应使用________关键字来修饰。

(2)通过实验步骤(5)可以获得如下的经验：当函数的参数名称与所在类的字段重名时，在函数体当中可以使用________. 字段成员名，表示类的字段；直接使用参数名，表示参数列表中的参数。

实验24 事件

实验目的

(1)掌握事件相关的语法;

(2)能够在类中实现简单的事件。

背景知识

(1)事件可以是类的一个成员字段,其数据类型为委托类型,将事件和满足委托类型的事件处理方法联系起来后,就可以通过事件执行对应的事件处理方法;

(2)在C#的类中实现事件包含如下六个步骤:

①定义一个委托类型,该委托类型指明了事件处理方法的签名;

②为类添加事件字段,其语法为:

[访问限制符] event 委托类型 事件字段名;

③编写满足委托签名的事件处理方法;

④建立事件和事件处理方法之间的联系,其语法为:

事件字段名+=new 委托类型名(事件处理方法名);

⑤编写触发事件的函数,一般代码为:

if(事件字段!=null)

事件字段(事件处理方法的参数列表);

这里,首先判断了事件字段是否为空,如果事件字段已经和对应的事件处理方法建立了联系,则字段的值就不为null;否则事件字段的值保持引用类型变量的默认值为null;

⑥在适当的时机(即当事件发生时)调用触发事件的函数。

实验内容和要求

在控制台应用程序中,让用户任意输入,观察者一直在观察用户的输入,当用户输入"您好!"的事件发生时,观察者就向控制台输出"您好!"作为响应,并结束应用程序;实验预期结果如图24-1所示。

(1)思考实验内容的要求,需要为观察者编写一个类;

(2)需要定义一个委托指明事件处理方法的签名;

(3)观察者类中应包含事件字段、事件处理方法、触发事件的方法、构造函数,以及一个监控控制台的方法,该方法可以在适当的时候触发"您好!"输入事件。

实验步骤

(1)启动 Visual Studio 2008,创建控制台应用程序 ExEvent,并保存到适当的位置。

(2)根据实验分析以及知识背景中介绍的实现类的事件的6个步骤,进行操作和编写相应的代码:

①定义一个委托类型,该委托类型指明了事件处理方法的签名;为项目添加一个委

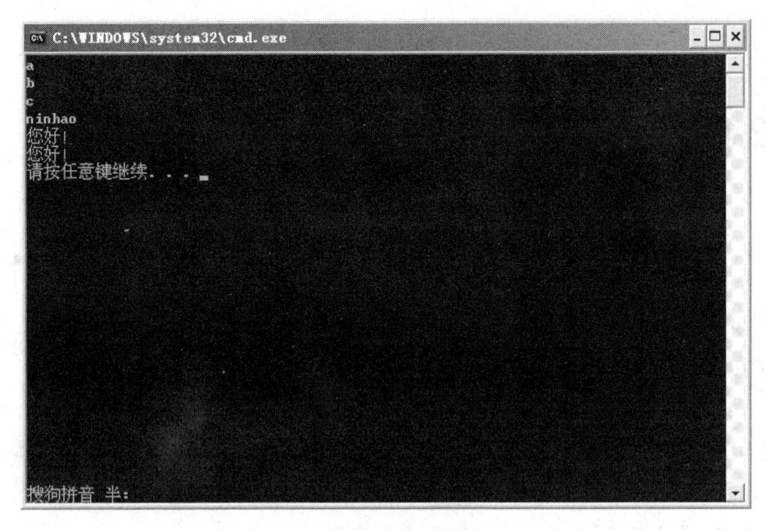

图 24-1　实验的预期结果

托,EventHandler,该委托的签名为无参,无返回值;

②为类添加事件字段;为项目添加一个类 Observer,作为观察者,该类含有一个私有的 EventHandler 类型的事件字段 eventSayHello;

③编写满足委托签名的事件处理方法;为 Observer 类添加一个名为 Output 的事件处理方法,该方法实现“您好!”输入事件发生后的响应功能,即可以向控制台输出“您好!”,该方法的签名要和前面定义的委托 EventHandler 的签名一致;

④建立事件和事件处理方法之间的联系;为类 Observer 添加一个无参构造函数,在函数将事件字段 eventSayHello 与事件发生后的处理方法 Output()联系起来;(思考将事件字段和事件处理方法联系起来的时机是什么? 这里为什么要把对应代码写在类的构造函数中? 什么情况下触发了事件也无法执行事件处理方法?)

⑤编写触发事件的函数;为类 Observer 添加私有的成员方法 FireSayHello()作为触发事件的函数,在该方法中将判断事件是否已经与事件处理方法联系起来了,如果是,就触发事件;(思考,为什么在触发事件之前要先判断事件和处理方法是否已经联系起来了? 如果不进行判断可能会产生什么样的结果?)

⑥在适当的时机(即当事件发生时)调用触发事件的函数;为类 Observer 添加公共的成员方法 Input (),思考该方法的输入和输出参数应该是什么? 该方法可以监控用户在控制台的输入,并在发现用户输入了“您好!”时,触发“您好!”输入事件,退出应用程序。

(3)在 Program. cs 文件的 Main()函数中添加代码,创建 Observer 类的实例,通过该实例调用方法 Input();使用 Ctrl+F5 执行程序,查看是否能得到如图 24-1 所示的结果;使用 Ctrl+F11 执行程序,追踪代码的执行过程,体会事件触发机制的实现流程。

实验回顾

(1)在. NET 平台上,事件触发的机制是通过________来实现的。

(2)实现事件要通过________个基本的步骤,分别描述它们。

(3)通过实验步骤(4),体会将事件字段和事件处理方法联系起来的代码必须在________之前得到调用,把代码写在________函数中可以确保这一点;如果________和

________之间的联系没有建立，那么即使调用了触发事件的方法，由于对应的事件字段的值是________，也无法实现对事件的响应。

(4)在实验步骤(5)中思考当事件字段的值为________时，认为事件与事件处理方法之间的联系还没有建立，不能够触发事件，以执行事件处理方法；整型变量________(填“能”或“不能”)设置为这个值，而事件字段可以设置为这个值的原因是事件字段属于________类型的数据，而该类型又是一种________(填“值”或者“引用”)类型；如果事件尚未与任何事件处理方法建立联系，那么通过代码________触发事件，执行事件处理方法，将会引发一个________类型的异常，该异常通常是由于________而产生的。

面向对象进阶篇

实验25 继承

实验目的

(1)理解和掌握继承的语法和使用情景;

(2)掌握继承的使用情景。

背景知识

(1)继承是面向对象程序设计中一个很重要的特性,它是关于一个类怎么从另一个类中共享特性和行为的术语。在C#中继承类称为派生类或子类,被继承类称为基类或父类。如果一个派生类继承一个基类,那么这个派生类会从其基类中继承得到所有的操作、属性、特性、事件以及这些内容的实现方法,而基类中的构造函数和析构函数不会被继承,同时也不会继承那些显式拒绝访问(用 private 修饰)的成员。

(2)派生类能够继承基类的方法、特性等,但继承得到的成员也受作用域的限制,即使派生类继承得到基类成员,也可能无法访问。类中的实例变量有三种声明方式:public、protected 和 private。它们来控制访问成员的权限,继承一个类不会超越 private 访问的限制。尽管一个派生类拥有其基类的所有成员,但它依然受到这三种声明方式的限制。C#中派生类无权访问其基类的 private 成员,但可以访问其 public 及 protected 成员。派生类和外部代码都可以访问 public 成员。

实验内容和要求

使用控制台应用程序,模拟制作一只猫,可以获取猫当前的年龄,猫的名字,这只猫可以移动;同时模拟制作一条狗,可以获取狗当前的年龄,狗的名字,狗也可以移动。

实验步骤

(1)启动 Visual Studio 2008,新建控制台应用程序 ExCatandDog,将项目文件的存储到合适的位置。

(2)猫和狗需要分别创建一个类来描述,而这两个类又有很多的共同之处,因此,应创建一个类作为这两个类的基类,描述这两个类共同的特性和行为;向控制台应用程序添加类 Animal、Cat 和 Dog,其中 Cat 和 Dog 类是 Animal 类的派生类。

(3)为 Animal 类添加私有成员字段 age,其数据类型为 int,描述动物的出生时间;为 Animal 类编写公共属性 Age 属性,该属性是一个只读属性,其数据类型为 int,通过访问该属性可以获取 Animal 对象的年龄;为 Animal 类添加一个公共方法 Move()方法,该方法可以实现向控制台输出"The Animal is Moving."。

(4)在 Program.cs 文件的 Main()函数中添加代码,分别创建为 Dog 类和 Cat 类的对象,通过对象输出各自的 Age 属性,并分别调用各自的 Move()方法。体会继承的思想。

实验回顾

(1)在面向对象的程序设计语言中,使用________来描述某一类有共同特征和行为能力的事物,该类事物的公共特征,使用________字段描述,该类事物共同具有的行为使用________来表示。

(2)从实验步骤(2)中可以体会,在面向对象的程序设计语言中,如果两个或两个以上的类,仍具有某些共同的特性和行为能力,但也有部分的特性和行为是不相同的,那么可以将其公共的特性和行为抽象出来,形成________,而将这些类定义为派生类。

实验26 类成员的访问修饰符

实验目的

(1)掌握类的成员字段、属性和方法的定义及访问方法；

(2)理解并掌握类成员的访问级别及对应的关键字；

(3)理解并掌握 C# 中不同访问修饰符的使用场景。

背景知识

(1)类的成员都有自己的访问级别，访问修饰符包含：public、private、protected、internal。

①public——成员可以由任何代码访问；

②private——成员只能由本类中的代码访问(没有使用访问限制符修饰的成员，默认其访问限制级别为 private)；

③internal——成员只能由所在项目内部的代码访问；

④protected——成员只能由本类或其派生类中的代码访问。

(2)类的字段成员主要用于描述类的特性，存放类的数据，定义字段成员的语法为：

[修饰符] 数据类型　字段名；

字段的命名规则符合 C# 中关键字的命名规则，一般使用 CamelCase 命名法。这里的修饰符除了可以使用前面提到的 4 个关键字之外，还可以是它们与 static、const 和 readonly 的组合。为体现类的封装性，类的字段成员在类的外部不允许任意访问，因此，成员的访问限制级别一般设定为 private。

实验内容和要求

在控制台应用程序中定义基类 Animal 和子类 Cattle，Cattle 的成员函数可以像 Animal 中的成员函数那样访问 Animal 类中的公有成员和保护成员，但是不能访问它的私有成员。体会类的访问修饰限制符的作用。

实验步骤

(1)启动 Visual Studio 2008，创建控制台应用程序 ExVisitation，并将项目文件保存到适当的位置。

(2)向控制台应用程序添加类 Animal 和 Cattle，其中 Cattle 类是 Animal 类的派生类。

(3)为 Animal 类添加一个公共方法 Eat()方法，该方法可以实现向控制台输出“The Animal is eating”；添加一个保护方法 ProtectedMethod()方法，该方法输出“This is a protected method”，并添加一个整型的保护成员变量 num，进行赋值；最后添加私有方法 PrivateMethod()方法，该方法输出“This is a private method”。

(4)现在测试类的访问修饰符的作用。在 Cattle 类中添加方法 FunC()，在该方法中调用 Animal 类中的保护方法,打印输出保护属性 Num,并尝试调用 Animal 类中的方法 PrivateMethod(),看看是否成功。

注意:在派生类调用基类的保护成员函数,直接访问即可。

```
public class Cattle: Animal //子类继承父类
{
    public void FunC()
    {
        Animal aAnimal = new Animal();
        aAnimal.ProtectedMethod(); //这段代码会有编译错误
        //访问保护成员的方式错误
        Console.WriteLine("the number is {0}", aAnimal.num);
    }
}
```

正确的写法:

```
public class Cattle: Animal
{
    public void FunC()
    {
        //保护方法
        ProtectedMethod();
        Console.WriteLine("the number is {0}",num);
    }
}
```

(5)在 Program.cs 文件的 Main()函数中添加代码,分别创建 Animal 类和 Cattle 类的对象,两个对象分别调用 Eat()和 ProtectedMethod(),看是否成功。体会类的访问修饰符的用途。

实验回顾

(1)类的成员都有自己的访问级别,访问修饰符包含________、________、________、________。其中________成员可以由任何代码访问;________成员只能由类中的代码访问;________成员只能由所在项目内部的代码访问;________成员只能由类或派生类中的代码访问。

(2)分析实验步骤(4)(5)中的问题,回答调用是否成功,并说明原因。

实验27 封装

实验目的

(1)理解封装的思想;

(2)掌握实现类的封装的方法。

背景知识

(1)在C#中可使用类来达到数据封装的效果,这样就可以使数据与方法封装成单一元素,以便于通过方法存取数据。除此之外,还可以控制数据的存取方式。

(2)在面向对象的世界中,大多数都是以类作为数据封装的基本单位。类将数据和操作数据的方法结合成一个单位。设计类时,不直接存取类中的数据,而是通过方法来存取数据,这样就可以在操作数据时多一层判断,达到封装数据的目的,方便以后维护升级。

此外,封装还可以解决数据存取的权限问题,可以使用封装将数据隐藏起来,形成一个封闭的空间,然后就可以设置哪些数据只能在这个空间中使用,哪些数据可以在空间外部使用。如果一个类中包含敏感数据,使有些人可以访问,有些人却不能访问。如果不对这些数据的访问加以限制,后果是很严重的。所以在编写程序时,要对类的成员使用不同的访问修饰符,从而定义它们的访问级别。

(3)封装的优点

好的封装能减少耦合;类内部的实现可以自由改变;封装的一个最有用的形式是数据隐藏,一个类的数据表现一个对象的状态。支持封装的修饰符如下:

①private:只有类本身能存取;

②protected:类和派生类可以存取;

③internal:只有同一个项目中的类可以存取。

实验内容和要求

在控制台应用程序中,定义A类,在A类中要求B类完成某一件事,如打印输出"B帮A完成事情",A类无需关心事情的具体步骤,具体实现交给B类。

实验步骤

(1)启动Visual Studio 2008,新建控制台应用程序ExEncapsulation,将项目文件的存储到合适的位置。

(2)创建一个A类,A类需要完成某件事情,为A类添加一个公有方法AMethod(),但是A类不需要自己完成此件事情,而是有B类具体去做。所以创建一个B类,并定义一个私有方法Execute(),该方法实现向控制台输出"B帮A完成事情"。

(3)由于Execute()是私有方法,A类的对象无法调用。为了实现调用,需要在B类中定义一个公用方法BMethod(),在BMethod()中调用私有方法Execute()。

实验回顾

(1)在C#的类中,使用________或________修饰的成员,无法在当前类的外部或当前类及派生类的外部被访问,需要编写以________为修饰符的属性或方法,以实现对其访问。

(2)请说明封装的优点。

实验28 多态

实验目的

(1)正确理解和区分多态和重写的概念;

(2)掌握重写成员的语法和使用情景;

(3)理解和掌握多态性的概念和意义。

背景知识

(1)多态性是面向对象程序设计中的又一个重要的概念,多态性是指通过基类引用,依靠执行多个派生类的方法,使程序执行动态操作。简单地说,多态是以同样的方法处理不同对象的能力。

(2)静态多态性和动态多态性。它们对应的分别是早期绑定和晚期绑定。早期绑定是指在编译的时候就确定函数的调用,我们又称之为重载(详见实验18)。它允许存在多个同名函数,但是这些函数参数表不同;函数的调用在编译期间已经确定,是一个静态的过程。

晚期绑定是指在运行时才确定一个特定函数的调用。父类对象是根据赋给他的指针,动态的调用属于子类的函数;函数的调用在编译时无法确定,必须在运行时确定,是一个动态的过程。

(3)在基类中的成员可能执行与派生类中同名成员的不同任务,或者派生类中成员必须提供基类中对应抽象成员的实现方式,这种过程称为重写。

继承与重写成员对应 new,virtual 和 override,灵活正确的使用这三个关键词,可以使程序结构更加清晰,代码重用性更高。

使用 new 修饰符显式隐藏从基类继承的成员。若要隐藏继承的成员,请在派生类中使用相同名称声明该成员,并用 new 修饰符修饰它。

virtual 关键字用于修改方法或属性的声明,在这种情况下,方法或属性被称作虚拟成员。虚拟成员的实现可由派生类中的重写成员更改。调用虚方法时,将为重写成员检查该对象的运行时类型。将调用大部分派生类中的该重写成员,如果没有派生类重写该成员,则它可能是原始成员。默认情况下,方法是非虚拟的。不能重写非虚方法。

使用 override 修饰符来修改方法、属性、索引器或事件。重写方法提供从基类继承的成员的新实现。由重写声明重写的方法称为重写基方法。重写基方法必须与重写方法具有相同的签名。不能重写非虚方法或静态方法,重写基方法必须是虚拟的、抽象的或重写的。

实验内容和要求

创建控制台应用程序,分别编写 Animal、Cat 和 Dog 类,Animal 类提供一个 MakNoise()方法。Cat 类和 Dog 类都是 Animal 类的派生类,由于猫和狗的叫声又各不相同,在这两个类中需要分别重写基类的虚方法 MakeNoise(),各自实现向控制台输出"喵喵! 喵喵!"和"汪汪! 汪汪!"。

当 Animal 类的对象实例化为 Cat 和 Dog 的实例时,调用 MakNoise()方法,会分别执行对应派生类的方法,体会多态的思想。

实验步骤

(1)启动 Visual Studio 2008,新建控制台应用程序 ExCatandDog,将项目文件的存储到合适的位置。

(2)向控制台应用程序添加类 Animal、Cat 和 Dog,其中 Cat 和 Dog 类是 Animal 类的派生类。

(3)为 Animal 类添加一个公共的虚方法 MakeNoise()方法,该方法可以向控制台输出"The Animal is Making Noise."。

(4)由于猫和狗的叫声又各不相同。Dog 类为 Animal 类的派生类,重写基类的虚方法 MakeNoise(),可以向控制台输出"汪汪! 汪汪!";Cat 类也是 Animal 类的一个派生类,与 Dog 类类似,重写 Animal 类中的虚方法 MakeNoise(),可以实现向控制台输出"喵喵! 喵喵!"。

(5)在 Program.cs 文件的 Main()函数中添加代码,声明两个 Animal 类型的变量,并分别创建为 Dog 类和 Cat 类的实例,调用各自的两个方法 Move()和 MakeNoise()。体会多态的思想。

实验回顾

(1)在编写类的时候,可以将多个类共同的行为定义为基类中的________成员,例如上面的实验步骤(3)中,Animal 类的成员 MakiNoise();而对于那些共同具有的行为,如果对于不同的类型在具体执行时又略有不同,那么就将对应的方法在________中定义为虚方法,在不同的________中重写该方法。

(2)在实验步骤(4)中,派生类中重写基类的方法,使用的关键字是________,使用该关键字可以实现多态。如果将该关键字替换为 new,上述实验的结果会有何不同? 说明这两个关键字之间的异同。

(3)从实验步骤(5)中可以看出,派生类的对象可以直接访问基类中定义的属性,而对于基类中的虚方法,派生类的对象会根据对象类型的不同执行各自类中对应的________。对于这种不同对象执行同名的方法,得到不同的执行结果的现象,就称为________。

实验29 关键字base和this

实验目的

(1)理解并掌握关键字 base 和 this 的含义；

(2)在基类和派生类中学会使用 base 和 this。

背景知识

(1)base

在 C＃中，使用关键字 base 实现在派生类中对基类成员的访问。例如，使用 base 可以调用基类中已经被重写的方法；可以指定创建派生类实例时应调用的基类构造函数。

①使用关键字 base 引用基类的构造函数的语法为：

```
public 派生类名(参数列表 1):base(参数列表 2)
{
    派生类构造函数的代码体;
}
```

通过上面的代码，在创建派生类的实例时，会首先调用基类中相应的构造函数，然后执行派生类构造函数中的代码。

②使用关键字 base 引用基类中的常规函数，语法为：

```
base.方法名(参数列表);
```

这里的方法指的是基类中访问修饰限制低于 protected(含 protected)的方法成员。这种方法主要用在当前类是派生类，而所希望引用的基类方法已经在当前类中重写了。

(2)this

①使用 this 关键字引用当前类的实例。this 关键字的常用用途包括：

限定被相同的名称隐藏的成员，如构造函数中常使用类似下面的代码。

```
public Employee(string name, string alias)
{
    this.name = name;
    this.alias = alias;
}
```

在上面的代码中单独的 name 表示参数列表中的参数 name，而用 this.name 表示当前类的字段 name，以此区分两个同名的变量。

②将对象作为参数传递到其他方法

如果某个方法中需要使用当前类的实例作为参数，可以用 this 来引用，例如：

```
CalcTax(this);
```

在这行代码中，CalcTax()方法需要一个当前类的实例作为输入参数，那么直接使用 this 来指代当前类的实例即可。

需要注意的是 base 和 this 这两个关键字，只能够作为实例被引用，因此，通过它们只能访问类的非静态成员；如果通过 base 和 this 来访问类的静态成员，会产生编译错误。

实验内容和要求

在控制台应用程序中创建两个类 Human 及其派生类 BlackHuman；为 Human 定义一些的字段，并编写带参数的构造函数；体会 this 和 base 关键字的用途。

实验步骤

(1)创建控制台应用程序 ExBaseThis，并保存到适当的位置。

(2)为应用程序添加两个类 Human 和 BlackHuman，其中 BlackHuman 为 Human 的派生类，并分别存放在两个单个的 Human. cs 和 BlackHuman. cs 文件中。

(3)为 Human 类添加公共的常量字段 subject，该字段数据类型为 string，在声明该字段的同时为该字段赋值为“灵长类”；为 Human 类添加私有成员字段 name 和公共字段 sex，name 为 string 类型，sex 为 bool 类型，sex 字段还需要添加修饰符 readonly，当字段值为 true 表示女生，false 表示男生。

(4)为 Human 类的 name 字段添加读写属性 Name；为 Human 类添加构造函数，一个无参的构造函数，在构造函数中为 name 字段和 sex 字段赋默认的值；一个有两个参数的构造函数，一个参数为字符串类型，用该参数为 name 字段赋值，一个 bool 类型的参数，用该参数为 sex 字段赋值，有参构造函数的代码如下：

```
public Human(bool sex, string name)
{
    this. sex = sex;
    this. name = name;
}
```

通过上面的代码体会 this 的用途。

(5)为 BlackHuman 类添加两个构造函数，其参数列表同 Human 类的两个构造函数相同，实现当执行 BlackHuman 类中的构造函数时，首先会执行基类中参数列表相同的构造函数。其中，有参的构造函数代码如下：

```
public BlackHuman(bool sex, string name):base(sex,name)
{
}
```

在 Program 类的主函数 Main()中添加如下代码：

```
BlackHuman aBlackMan=new BlackHuman(false,"John");
```

使用 F11 单步执行代码，并进入到构造函数内部，查看基类 Human 中有两个参数的构造函数是否得到了调用。

通过上面的代码体会 base 的使用情景。

(6)为 Huaman 类添加方法成员 Jump()，代码如下：

```
public virtual void Jump(Human aHuman)
{
    Console. WriteLine(aHuman. name+" can jump!");
}
```

为 BlackHuman 类添加方法成员 Jump()，代码如下：

```
public override void Jump(BlackHuman aBlackHuman)
{
    base.Jump(this);
    Console.WriteLine("I jump higher!");
}
```

(7)在 Program 类的主函数 Main()中添加代码，创建一个 BlackHuman 的实例，并通过该实例访问 BlackHuman 类的成员函数 Jump()。

使用 Ctrl+F5 和 F11，分别启动应用程序，查看运行结果；并监测程序的执行流程，体会 base 和 this 的使用情景。

实验回顾

(1)通过实验步骤(5)可以获得如下的经验：当函数的参数名称与所在类的字段重名时，在函数体当中可以使用"________.字段成员名"，访问类的字段，直接使用参数名，表示参数列表中的参数。

(2)在实验步骤(6)中，定义派生类的 Jump()方法时，如果没有通过 base 关键字直接调用 Jump()方法，会得到什么结果？因此，在派生类的构造函数的执行过程中，如果还希望执行基类中的构造函数代码，可以使用在________关键字后面直接加参数列表的方式来实现，实际执行的是基类构造函数中的哪一个，由________后面指定的参数类型和个数决定。

(3)通过实验步骤(7)我们看到，在派生类的方法中，如果要调用基类中的虚方法，使用语句________来实现。需要注意的是使用________调用的基类中的方法必须是非静态的，否则会产生编译错误。

(4)在当前类成员方法的代码中，如果要访问当前类的实例，可以使用________来引用。

实验30 派生类与基类构造函数的执行顺序

实验目的

(1)掌握构造函数的概念;

(2)了解派生类与基类构造函数的执行顺序。

背景知识

(1)类的构造函数是类的一个重要成员,一般在构造函数中实现对类的成员的初始化。构造函数的语法如下:

```
[访问修饰符] 类名(参数列表)
{
    代码段;
}
```

从语法要求上来看:C#中类的构造函数是没有返回值的,在声明构造函数时也不允许指明返回值类型;构造函数的访问修饰符可以是 public、private、protected 和 internal,但一般使用 public 作为访问限制,private 修饰的构造函数,决定了该类是无法实例化的;构造函数的参数个数几乎是没有限制的(只要不耗尽内存就可以),可以为一个类定义多个参数不同(参数个数不同,或者参数类别不同)的构造函数,称为构造函数的重载。构造函数不能被显式地调用,在实例化类的对象时,默认地调用了类的构造函数。

(2)实例构造函数在对象创建时执行。当创建派生类对象时,系统首先执行基类构造函数,然后执行派生类构造函数。这是因为派生类可能要使用基类成员,所以基类的实例化必须在派生类实例化之前进行。

(3)如果派生类是有参构造函数,用有参构造函数创建该对象时,在默认状态下,首先执行基类的无参构造函数,然后执行派生类的有参构造函数;如果希望基类和派生类调用参数列表相同的构造函数,那么需要在派生类的构造函数定义中指定所使用的基类的构造函数,如下所示:

```
class MyDerivedClass : MyBaseClass
{
    ……
    public MyDerivedClass(string strTemp):base(strTemp)
    {
    }
}
```

实验内容和要求

在控制台应用程序中,定义基类 MyBaseClass,派生类 MyDerivedClass,并在两个类中分别定义无参构造函数和有参构造函数,体会基类和派生类不同情形下构造函数的执行顺序。

实验步骤

(1)启动 Visual Studio 2008,新建控制台应用程序 ExConstructor,将项目文件存储到合适的位置。

(2)创建一个 MyBaseClass 类,该类定义一个无参构造函数,输出“基类无参构造函数”,然后定义一个有参构造函数,参数类型为 string,在函数中实现如下内容:Console.WriteLine(str+"基类构造函数")。

(3)创建一个 MyDerivedClass 类,该类继承于 MyBaseClass 类。首先定义一个无参构造函数,输出“派生类无参构造函数”,然后定义一个有参构造函数,参数类型为 string,并指定它使用基类的有参构造函数,在函数中实现如下内容:Console.WriteLine(str+"派生类构造函数")。

(4)在主函数中定义实例化两个 MyDerivedClass 类的对象,其中一个没有参数,一个有参数。体会不同情形下构造函数的调用顺序。

实验回顾

(1)在面向对象的程序设计语言中,实例化一个派生类的对象,那么它首先执行________的构造函数,然后执行________的构造函数。

(2)如果派生类是一个有参数的构造函数,那么该类的对象在实例化时,默认状态下调用基类的________(有参/无参)的构造函数。

(3)如果派生类的构造函数定义中需要指定所使用的基类构造函数,应该如何实现?

实验31 接口的定义和使用

实验目的

(1)掌握接口的概念;

(2)了解如何实现接口的对象;

(3)能够在程序中实现接口。

背景知识

(1)接口是引用类型,它描述的是可属于任何类或结构的一组相关功能。接口可由方法、属性、事件、索引器或这四种成员类型的任意组合构成。接口不能包含字段。接口成员一定是公共的。接口不提供接口成员的实现,实现接口的类必须提供接口成员的实现。

(2)当类或结构继承接口时,意味着该类或结构必须为该接口定义的所有成员提供实现。如果基类实现接口,派生类将继承该实现。

类和结构可以按照类继承基类或结构的类似方式实现接口,但有两个例外:

①类或结构可实现多个接口;

②类或结构实现接口时,也就继承了接口中的方法名称和方法的签名。

(3)接口的使用方法。

首先定义一个接口,接口中可以定义属性、方法、索引器和事件的标准集。声明接口需要使用 interface 关键字,接口的成员一般以大写的"I"开头。具体语法如下:

interface 接口名称 [:基类名称]

下面的例子中定义一个简单的接口 IsampleInterface,该接口具有一个 SampleMethod()方法;并定义了该接口的实现类 ImplementationClass。

```
interface ISampleInterface
{
    void SampleMethod();
}
class ImplementationClass : ISampleInterface
{
    public void SampleMethod()
    {
        //实现 IsampleInterface 接口的 SampleMethod()方法
    }
}
```

实验内容和要求

使用控制台应用程序,定义一个接口 ICarnivore,模拟制作食肉动物的生活习性,可以获取食肉动物当前的饥饿状态,以及捕食的动物。然后定义一个抽象类 Animal 类,模拟普通动物的生活习性，比如用一个抽象方法描述动物的休息状态。最后定义一个 Lion 类，该类具有 ICarnivore 接口的行为，同时继承于 Animal 类。这样设计的优点是 Lion 类继承了 Animal 类并且实现了 ICarnivore 接口。

实验步骤

(1)启动 Visual Studio 2008，新建控制台应用程序 ExLion，将项目文件存储到合适的位置。

(2)首先定义一个食肉动物接口 ICarnivore，包括 bool 型的属性 IsHungry，以及动物进行捕食的方法 Hunt()，返回值为 Animal 对象；定义 Eat()方法，实现这个接口的类必须实现上述属性和方法。

(3)定义一个抽象类 Animal，其中包括抽象方法 Sleep()，声明抽象方法需要加关键字 abstract。

(4)定义 Sheep 类，继承了 Animal 类，所以必须实现 Sleep()方法，实现抽象类的方法需要加关键字 override。

(5)定义 Lion 类，继承了 Animal 类和 ICarnivore 接口。首先增加一个 bool 型的私有字段 hungry，在 Lion 的构造函数中给该字段赋初值，如下：hungry = true；然后实现 ICarnivore 接口中的属性和方法，包括获取 IsHungry 属性，实现 Hunt()方法，返回一个 Sheep 对象，实现 Eat()方法，输出"Lion is no longer hungry"；实现 Animal 类中的抽象方法 Sleep()，输出"After dinner, the lion wants to go to bed"。

(6)在 Program. cs 文件的 Main()函数中，创建一个 Lion 对象，判断 IsHungry 属性，如果为 true，则进行捕食 Hunt()；如果返回值不为空，则调用 Eat()方法。最后执行 Sleep()行为。

实验回顾

(1)使用关键字________声明抽象类，使用关键字________声明接口。

(2)在实验步骤(4)，实现抽象方法时需要使用关键字________，否则会产生编译错误。

(3)按要求实现以下控制台程序：定义接口 IPoint，IPoint 中定义两个属性 x，y；在类 Point 中实现接口定义的属性；在主程序中定义 Point 的对象，并在屏幕中输出 x，y。

实验32 集合的定义和使用

实验目的

(1)掌握集合的概念;

(2)了解主要的集合类型;

(3)能够在函数中使用一种简单的集合类型——ArrayList(数组列表)。

背景知识

(1)C#中,集合表示可以通过 foreach 循环遍历每个元素来访问的一组对象。一般来说,如果对象可以提供对相关对象的引用,那么它就是一个集合,它可以遍历集合中的每个数据项;专业的说法是所有实现了 System. Collections. IEnumerable 接口的类的对象都是集合。在 IEnumerable 接口中,只包含了对一个方法的定义,如下:

```
interface IEnumerable
{
    IEnumerator GetEnumerator();
}
```

该方法的作用是返回枚举对象,返回的枚举对象要支持接口 IEnumerator,. NET Framework 对 IEnumerator 接口的定义为:

```
interface IEnumerator
{
    Object Current{get;}
    Bool MoveNext();
    void Reset();
}
```

实现该接口的对象应该与一个集合相关联,这个对象在初始化的时候,还没有指向集合中的任何元素,必须调用 MoveNext()移动枚举,才能使它指向集合中的第一个元素,接着使用 Current 属性获取该元素;Current 属性返回对一个对象的引用;当需要访问下一个元素时,再次调用 MoveNext(),直到 Current 为 null,表示达到了集合的尾部;如果要返回集合的开头,使用 Reset()方法和 MoveNext()方法,重新指向第一个元素。

用户也可以自行定义集合类,只要该类满足接口 IEnumerable,就是一个集合类。

(2)下面介绍几种. NET Framework 提供的最常见的集合类型。

①C#中提供了多种把类似的对象组合起来的数据结构,其中,最简单的数据结构是数组;C#中的数组都是 System. Array 类的一个实例;数组语法简单、可以通过下标对其中的元素进行高效的访问;但是该类也有无法克服的缺点,即数据元素个数固定,只能在创建数组时指定,对已创建的数组,既不能改变其大小,也不能添加或删除元素;此外,对于数组元素的访问仅限于下标,无法使用关键字查找数组元素。

②数组列表 ArrayList 也是一种集合类型，在 System. Collections 名称空间下；可以将它看做是数组的复杂版本，数组 Array 是固定长度的，而 ArrayList 类是可以根据需要自动扩展的；如果更改了 Array. Capacity 属性的值，则自动进行内存重新分配和元素复制；ArrayList 提供添加或移除某一范围内元素的方法；使用 ArrayList 首先要将其实例化，语法如下：

ArrayList 数组列表名＝new ArrayList()；

在这行代码中，默认创建了一个容量为 16 的 ArrayList 对象，即数组中有 16 个数据项；也可以根据实际情况，在创建 ArrayList 实例时，指定最初的容量，代码如下：

ArrayList 数组列表名＝new ArrayList(数据项个数)；

此次创建的 ArrayList 数组列表初始化时包含了指定个数的数据项；还可以在创建了实例之后，通过 Capacity 属性指定 ArrayList 的容量，如下：

ArrayList 数组列表名＝new ArrayList()；

数组列表名. Capacity＝数据项个数；

尽管提供了各种指定 ArrayList 元素个数的方法，在程序执行过程中，还是可以根据实际情况修改数据项个数。一种修改 ArrayList 中元素个数的方法是使用 Capacity 属性，直接给该属性赋值；或者是当为 ArrayList 对象添加的数据元素超出初始化时指定的数据项个数时，ArrayList 对象的容量可以自动增长，默认增长后的容量为原来的 2 倍，即数据项的个数为初始化时的 2 倍。

实例化 ArrayList 对象后，可以通过 Add()或者 Insert()方法添加单个元素，通过 AddRange()方法向 ArrayList 一次添加多个元素；通过 Remove()或者 RemoveAt()方法移除元素；使用 ArrayList 数组列表还有一点需要注意的是：ArrayList 把所有的元素都当做对象来引用；可以在 ArrayList 中存储任何想要存放的对象，但是在访问对象时，需要进行拆箱操作。

③哈希表 Hashtable，也叫字典或散列表，是一种集合类型，该类除了实现了 IEnumerable 接口外，还实现了 IDictionary 接口，该集合中的每个元素是一个键值对；当希望把对象保存为数组，但还想使用关键字对数据项建立索引时，可以使用 Hashtable；Hashtable 也可以像 ArrayList 一样自由地添加和删除元素，但它们对内存的管理方式有些区别。

④SortedList 集合类型，SortedList 类类似于 Hashtable 和 ArrayList 间的混合；SortedList 的每一元素都是一个键值对，提供只返回键列表或只返回值列表的方法，它与 Hashtable 的区别在于，其键的值是排序好的；如果想要一个保留键值的集合，及索引的灵活性，则使用 SortedList。

⑤队列 Queue 集合类型，是一种先进先出的数据结构类型，如果需要以信息在集合中存储的相同顺序来访问这些信息，则使用 Queue；调用 Enqueue()方法，可以将一个元素添加到 Queue 的队尾；而 Dequeue()方法可以从 Queue 中移除最先添加的元素；Peek()方法从 Queue 的开始处返回最先添加的元素，而不将其从 Queue 中移除。

⑥堆栈 Stack 集合类型，使用后进先出(LIFO，Last In First Out)的工作方式，当需要以信息在集合中存储的相反顺序来访问这些信息时，使用 Stack；Push()方法可以在

Stack 的顶部插入一个元素；Pop()方法在 Stack 的顶部移除一个元素；调用 Peek()方法只返回处于 Stack 顶部的元素，但不将其从栈顶移除。

实验内容和要求

编写控制台应用程序，实现随机抽点.txt 文本文件中学生名单的功能；控制台首先输出提示信息“请输入‘Y/y’开始点名，或者输入其他字符串退出应用程序”，然后从学生名单中随机选中一个向控制台输出；输出学生名后，再次输出“继续点名，输入 Y 或 y”；退出输入其他字符串；当用户输入 Y 或 y，就随机输出一个学生姓名，如此循环，直到用户输入其他内容，退出应用程序。在点名的过程中，确保在每个学生都被点到之前不会重复点名；如果每个学生都被点过名，就恢复名单，重新点名。结果如图 32-1 所示。

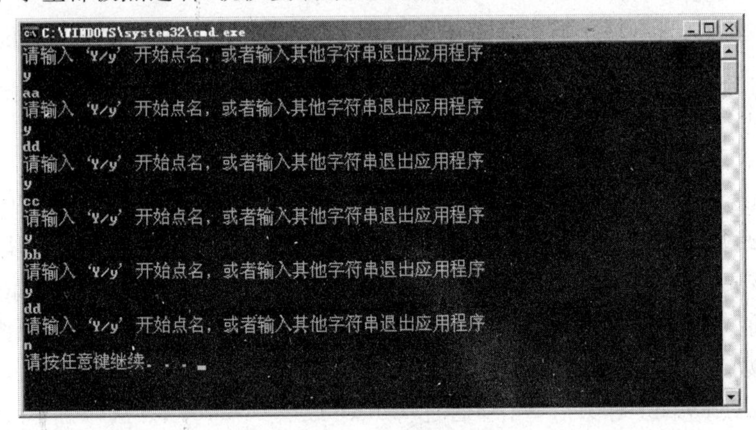

图 32-1 程序运行结果图

(1)从面向对象的角度思考，可以创建一个类 CallingAgent，实现点名的功能；

(2)该代理类应了解学生名单，并可以根据文件路径找到学生名单，加载到内存中，因此，它应含有一个存放着学生名单的字段，一个存放着文件路径的字段；

(3)该代理类应能够从学生名单列表中随机抽点一个学生名，为确保不重点学生名，将点到的学生随即从名单列表中删除；当学生名单列表为空时，还可以从文件中加载学生名单；这个方法的功能比较多，可以对其进行进一步的功能分解，分解成几个规模较小的函数；

(4)学生名单列表和名单文件的路径，都应在构造函数中得到初始化。

实验步骤

(1)使用 Visual Studio 2008，新建控制台应用程序 ExCallingNames，并保存到适当的位置。

(2)向应用程序添加类 CallingAgent，存放在 CallingAgent.cs 文件中，由于在该类的代码中包含了对文本文件的读操作，因此，需要添加名称空间 System.IO。思考：还有什么名称空间需要添加到该.cs 文件的头部？

(3)为该类添加两个字段 nameList 和 nameListPath；其中 nameListPath 的数据类型为 string，存放名单文件的路径；nameList 字段在程序运行过程中，将名单列表保存在内存中，由于未点名的学生名单列表长度随时要发生变化，思考：对应字段的数据类型应是哪一种集合类型？

(4)编写 CallingAgent 类的一个有参构造函数,参数为名单文件路径,string 类型,在构造函数中,初始化两个字段,并从名单文件中,将学生名单读取出来,添加到 nameList 中,代码如下:

```
public CallingAgent(string nameListPath)
{
    nameList=new ArrayList();
    this.nameListPath = nameListPath;
    StreamReader sr = new StreamReader(nameListPath);//创建一个读文件流
    while (sr.Peek() > 0)//如果还有下一行
    {
        nameList.Add(sr.ReadLine());
    }
}
```

在上面的代码中,前两行为初始化私有字段,后面的代码用于创建学生名单列表,StreamReader 类中包含了读取文件的方法,通过该类的实例调用 ReadLine()方法,可以将文本信息从文本文件中一行一行地读取出来,并将读取出来的名字添加到 nameList 中,成为其中的一个元素。

(5)为类 CallingAgent 添加成员函数 CallNext(),实现如果学生列表不为空,随机选中一个学生输出,并将其从名单列表中删除,如果学生列表为空,就重新创建学生名单列表。在这个方法中也涉及功能"创建学生名单列表",而构造函数中也包含了实现该功能的代码。思考:应如何实现这段功能代码的重用?

(6)在 Program.cs 文件的 Main()函数中添加代码,首先创建 CallingAgent 类的实例,并在创建实例时给出学生名单文件的文件名(含后缀名.txt),编写循环控制语句,实现实验内容中的要求,在循环体中可以调用 CallingAgent 对象的 CallNext()成员函数。

实验回顾

(1)在实验步骤(2)中除了 System.IO 名称空间外,还需要引入名称空间________,因为该名称空间中包含了大部分的________。

(2)在实验步骤(3)中 nameList 字段的数据类型应设定为________。该集合类型的使用情景为对象组的长度(元素的个数)在对象实例化之后________(填"会/不会")发生改变;在程序执行过程中会对数据元素执行________或________操作。

(3)向数组列表对象中添加元素的方法有________和________,这两种方法都是将元素添加到数组列表的尾部,如果要向数组列表中插入元素需要调用________方法;从数组列表中移除对象的方法有________、________和________,前两种方法可以移除单个元素,最后一种方法可以移除指定范围的所有元素,该方法包含了两个参数,第一个参数表示________,第二个参数表示________。

(4)简述在实验步骤(5)中提到的代码重用应如何实现?

(5)在本实验中,读取文本文件使用________类的对象,该类包含于________名称空间下;该类中包含的 Peek()方法的作用是________;读取文本文件中的下一行数据,使用方法________;读取文本文件中的下一个字符使用方法________。

实验33 泛型的定义和使用

实验目的

(1)理解并掌握泛型的概念；

(2)体会泛型的使用情境，并能够在函数中使用简单的泛型集合类。

背景知识

(1)泛型的概念

泛型是.NET 2.0 的 CLR 中引入的一个新概念。在以前的.NET 版本中，若编译时不确定使用什么类，就需要以 Object 类为基础，进行转换。这样做确保了代码的灵活性，但由于 Object 类在编译期间没有类型安全性，因此必须进行强制类型转换，使代码变得复杂，而且给值类型使用 Object 类还会造成性能损失。在.NET 2.0 中，泛型类型可以根据需要，用特定的类型替换泛型类型，确保了类型安全性。

(2)最常用的泛型 List＜T＞

如果对象组的数据类型一致，并且对象个数不确定，或者个数随程序的执行会发生变化；同时对对象组中数据项的访问不需要通过关键字来实现，只需要通过下标索引访问数据项；又或者希望对对象组中的数据项成员进行排序和搜索等操作，可以使用泛型 List＜T＞创建 T 类型对象的泛型集合语法为：

List＜T＞ 泛型对象名＝new List＜T＞()；

对 List＜T＞也可以进行数据的添加或删除等操作：与 ArrayList 类似，Add()和 AddRange()方法都可以将数据项添加到 List＜T＞的尾部，Insert()方法可以向 List＜T＞中的指定位置插入数据项；Remove()和 RemoveAt()方法，可以根据指定的索引或指定元素的值来删除对应的某个元素，而 Clear()方法可以清除 List＜T＞中所有项；Capacity 和 Count 属性分别表示集合中可以包含的项数和集合中项的个数，前者为读写属性，后者是一个只读属性；CopyTo()方法可以将 List＜T＞中指定位置的项复制到数组中；通过 IndexOf()方法可以获取指定项在 List＜T＞中的索引值；此外，调用 List＜T＞的 Sort()方法，可以将 List＜T＞中的数据项按照某种规则排序，其前提是 T 类型提供了 CompareTo()方法，可以实现对当前类的实例和另一个 T 类型对象的比较，返回 int 值。

实验内容和要求

编写控制台应用程序，添加一个继承自 List＜T＞的类 ListEX＜T＞，在 T 实现了和没有实现 IComparable 接口的前提下，分别编写 CountAll()函数，计算指定参数在 ListEX＜T＞中出现的次数。

实验步骤

(1)启动 Visual Studio 2008，创建控制台应用程序 ExCollection，并保存到适当的

位置。

(2)添加一个继承自 List＜T＞的类 ListEX＜T＞，假设 T 类型不提供对象比较的方法，为该类添加 CountAll()方法，输入参数为 T 类型对象，该方法用于计算指定参数出现在 ListEX＜T＞中的次数；假设 T 类型实现了接口 IComparable，提供了 Compare()方法，可以对两个 T 类型的对象的大小进行比较，修改 CountAll()方法，先将泛型中的数据元素排序，再计算指定参数出现在 ListEX＜T＞中的次数。

(3)在主函数中创建该泛型类的实例，并为该类添加 10 个元素，1、2、2、3、3、3、4、4、4 和 4；分别调用(2)中的两个 CountAll()方法计算 1、2、3 和 4 在集合中出现的次数，并输出。

(4)试着在(2)中的两个 CountAll()方法中添加计时功能，再次运行程序，体会排序是否提高了程序的时间效率。

实验回顾

(1)简述泛型 List＜T＞和 ArrayList 的区别与联系，思考是否所有对 ArrayList 的应用都可以替换成 List＜T＞？如果是，说明理由，不是，举出反例。

(2)上面实验的执行结果是 1、2、3 和 4 出现的次数分别为________。

(3)为 CountAll()方法添加了计时功能之后，排序功能能否提高查找的事件效率？分析原因。

实验34 控制台21点游戏*

实验目的

这是一个综合性的实验，通过本实验的练习，可以达到如下的实验目的：

(1)进一步理解并掌握面向对象相关的定义和语法；

(2)进一步理解和体会面向对象的概念；

(3)进一步理解和掌握继承和多态的使用情况及使用方法；

(4)能够定义类来抽象描述对象。

实验内容和要求

(1)游戏包括两个玩家，电脑玩家和真人玩家(即用户玩家)；

(2)游戏开始时要求用户输入真人玩家的用户名；

(3)程序轮询两个玩家是否继续叫牌，如果玩家选择“是”，则发牌给玩家，并显示玩家手中现有牌的牌面，及当前的点数，直到某个玩家的点数超过21点，或者两个玩家都不再继续叫牌为止；

点数计算的原则如下：

①级别为Jack、Queen、King的点数记为1，BigJoker和SmallJoker的点数记为0；

②其余牌的点数按其实际牌值计算，例如：Ace点数为1，Two点数为2。

(4)程序输出游戏的赢家。判断输赢的条件如下：

①如果游戏双方都没有超过21点，则点数大的一方获胜(如果二者点数相等，则用户获胜)；

②如果游戏双方中一方超过21点，则没有超出的一方获胜；

③如果游戏双方都超过21点，则没有获胜方。

某次程序的运行结果如图34-1所示。在游戏的最后，游戏双方都选择不再继续叫牌，并且双方的点数都没有超过21点；而客户玩家“chen”的点数为20，比电脑玩家“Computer”的17点更接近21点，因此，玩家“chen”获胜。

实验步骤

(1)启动Visual Studio 2008，创建控制台应用程序ExCardGame21，并保存到适当的位置。

(2)项目中用到的类及其关系如图34-2所示。

(3)项目中涉及的主要函数如表34-1所示。

(4)在Program.cs文件的Main()函数中添加代码，编写主控流程，在适当的位置创建类的实例，调用前面定义的方法，以得到实验要求的结果。实验主流程如图34-3所示。

(5)执行程序以查看结果。

图 34-1　程序运行结果图

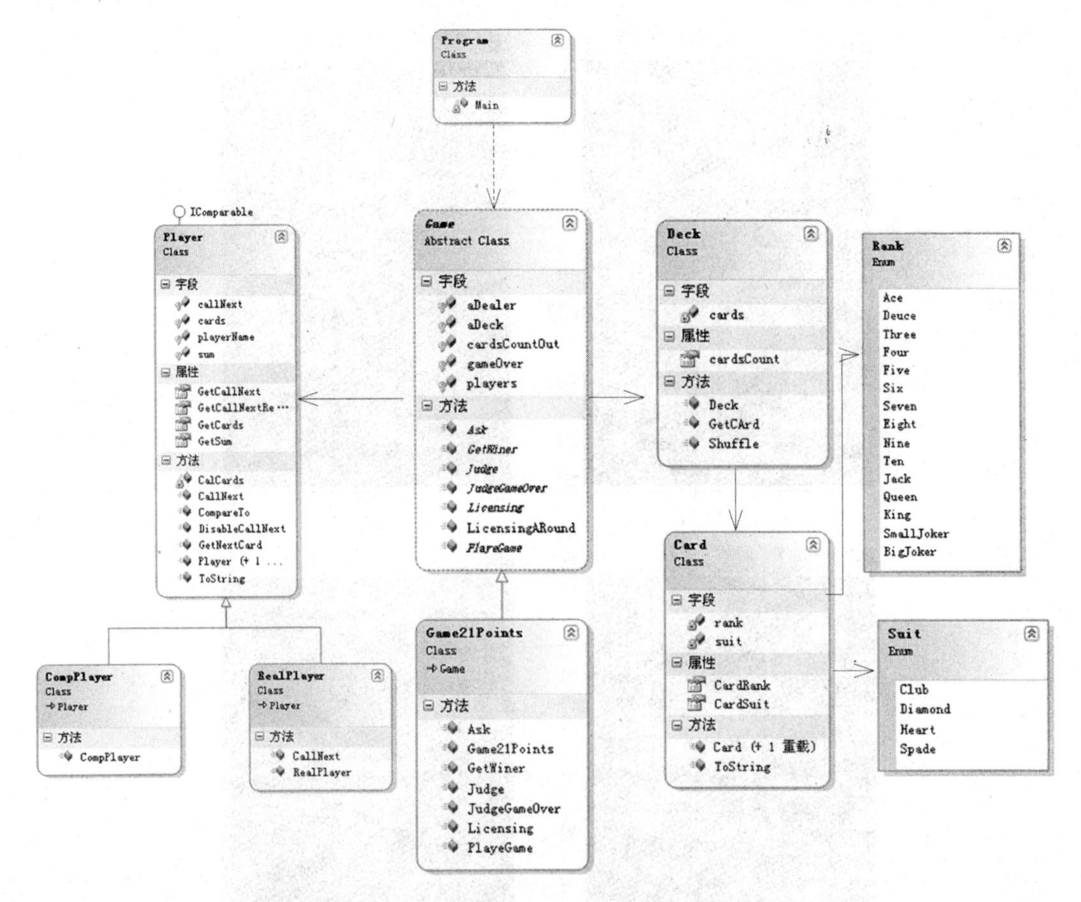

图 34-2 21 点游戏类及其关系图

表 34-1 21 点游戏中用到的函数

序号	函数原型说明	所属类	备 注
1	Main	Program	应用程序入口,创建 Game 对象实例,开始游戏
2	Ask	Game 及派生类	询问玩家是否继续叫牌
3	GetWiner	Game 及派生类	获取胜利者索引
4	Judge	Game 及派生类	宣布胜利者获胜
5	JudgeGameOver	Game 及派生类	判断游戏是否结束
6	Licensing	Game 及派生类	发牌给指定玩家
7	LicensingARound	Game 及派生类	为每个玩家发牌
8	PlayeGame	Game 及派生类	游戏主程序,控制游戏流程
9	ToString	Game 及派生类	获取牌面信息
10	AskCallNext	Dealer	荷官询问指定玩家是否继续叫牌
11	Display	Dealer	荷官宣布指定信息
12	ShuffleDeck	Dealer	荷官洗牌
13	CalCards	Player 及派生类	玩家计算手中牌的点数

（续表）

序号	函数原型说明	所属类	备　注
14	CallNext	Player 及派生类	玩家决定是否继续叫牌
15	CompareTo	Player 及派生类	实现对应接口，比较当前对象与指定玩家
16	DisableCallNext	Player 及派生类	不允许玩家再叫牌
17	GetNextCard	Player 及派生类	玩家获取一张
18	ToString	Player 及派生类	获取玩家的信息
19	GetCard	Deck	获取指定位置的牌
20	Shuffle	Deck	洗牌

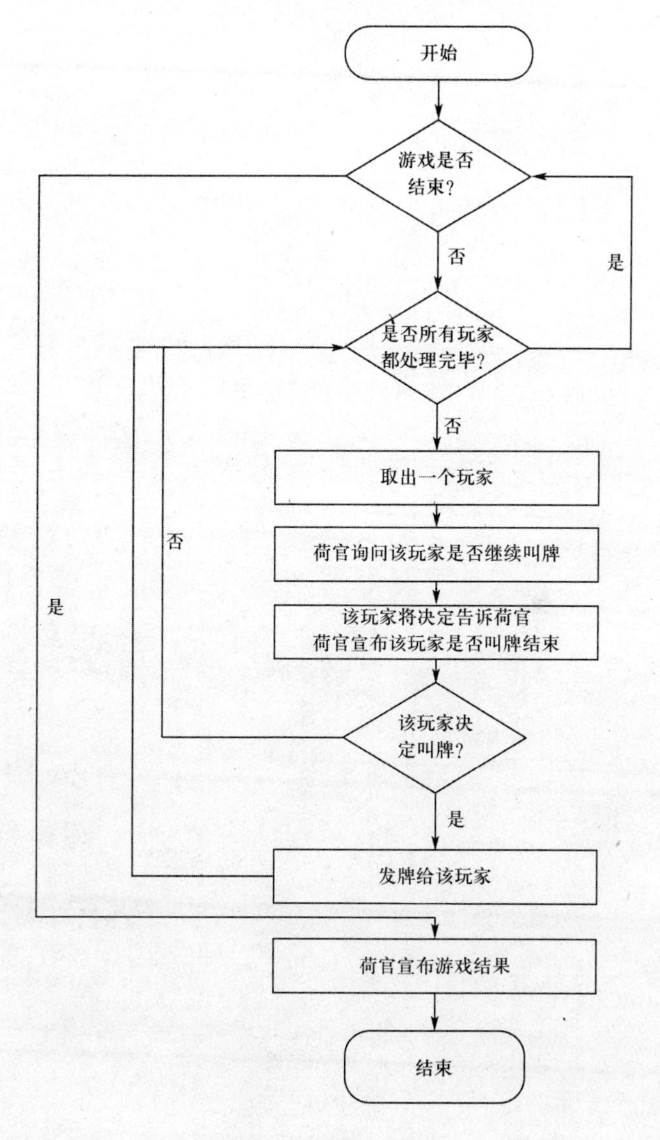

图 34-3　实验的主流程图

实验回顾

(1)在上面的实验步骤(2)中,说说描述电脑玩家和用户玩家的类有哪些共同的属性和方法?因此,定义了类 Player 作为这两个类的基类,该类用于描述两种玩家都具备的属性和功能(方法)。

(2)电脑玩家和用户玩家在什么方法的实现上有所不同?本实验中通过应用多态解决了这个问题,具体是如何解决的?

(3)我们看到 Player 类实现了接口 IComparable。请说明实现该接口用到了哪些语法知识?该方法有什么作用?体会接口在本实验中的作用。

实验35 异常处理和调试

实验目的

(1)理解并掌握异常捕获和处理的方法;

(2)理解并掌握各种调试方法;

(3)能够在调试时使用各种快捷键。

背景知识

(1)异常简介

异常是程序执行时遇到的任何错误情况或意外行为。以下这些情况都可以引发异常:代码或调用的代码(如共享库)中有错误,操作系统的资源不可用,公共语言运行库遇到意外情况(如无法验证代码)等。对于这些情况,应用程序可以将其中一些恢复到正常运行状态;而对于另一些异常情况,则不能恢复。尽管可以从大多数应用程序异常中恢复,但不能从大多数运行库异常中恢复。

在.NET Framework 中,异常类都是从 Exception 类继承的。异常从发生问题的代码区域引发,然后沿堆栈向上传递,直到得到应用程序处理或程序终止。运行库使用基于异常对象和受保护代码块的异常处理模型。发生异常时,创建一个 Exception 对象来表示该异常。

运行库为每个可执行文件创建一个异常信息表。在异常信息表中,可执行文件的每个方法都有一个关联的异常处理信息数组(可以为空)。数组中的每一项描述一个受保护的代码块、任一与该代码关联的异常筛选器和任何异常处理程序(Catch 语句)。此异常表非常有效,在没有发生异常时,在处理器时间或内存使用上没有性能损失。仅在异常发生时使用资源。

(2)异常处理的方法和流程

异常信息表对于受保护的块有四种类型的异常处理程序:

①Finally 处理程序,它在每次块退出时都执行,不论退出是由正常控制流引起的还是由未处理的异常引起的。

②错误处理程序,它在异常发生时必须执行,但在正常控制流完成时不执行。

③类型筛选的处理程序,它处理指定类或该类的某一派生类的任何异常。

④用户筛选的处理程序,它运行用户指定的代码,来确定异常由关联的处理程序处理还是传递给下一个受保护的块。

每种语言根据自己的规范实现这些异常处理程序。例如,Visual Basic.NET 通过 Catch 语句中的变量比较(使用 When 关键字)提供对用户筛选的处理程序的访问;C#不实现用户筛选的处理程序。

异常发生时,运行库开始执行由下列两步组成的过程:

①运行库在数组中搜索满足下列条件的第一个受保护块：保护包含当前执行的指令的区域，而且包含异常处理程序或包含处理异常的筛选器。

②如果出现匹配项，运行库创建一个 Exception 对象来描述该异常。然后运行库执行位于发生异常的语句与处理该异常的语句之间的所有 Finally 语句或错误处理语句。异常处理程序的顺序很重要：最上面的异常处理程序块最先执行，最多只能执行一段异常处理程序块(Catch 块)。异常处理程序可以访问捕捉异常的例程的局部变量和本地内存，但引发异常时的任何中间值都会丢失。

如果当前方法中没有出现匹配项，则运行库搜索当前方法的每一个调用方，并沿着堆栈向上查找。如果任何调用方都没有匹配项，则运行库允许调试器访问该异常。如果调试器不能附加到该异常，则运行库引发 UnhandledException 事件。如果没有 UnhandledException 事件的侦听器，则运行库转储堆栈跟踪并结束程序。

在.NET 平台中，可通过 try-catch-finally 程序块来捕获和处理异常。首先，把可能会出问题的程序段编写在 try 块中。然后，在 catch 关键字后的小括号中通过类似传参的方法捕获异常，并在 catch 块中编写处理该异常的方法。最后，将一些必须要执行的代码写入 finally 块中，如关闭数据库连接的操作。

异常捕获的代码格式如下：

```
try
{…}
catch(..)//可以有多个 catch 块
{ … }
finally
{ … }
```

(3)基本调试方法及其快捷键

①设置断点与断点调试

在 Visual Studio 中，可以在某一行代码设置断点(快捷键是 F9)，当启动调试(F5)后程序运行到有断点的代码时便会暂停，编程人员可以在 Visual Studio 中监视程序的各种运行状态，如将鼠标指针悬停在某个变量上，就会显示其当前的值。每一行代码都可以设置断点，按运行键就可以在各断点之间切换，当然，需要用户输入时，程序会暂停等待用户输入，而不是运行到下个断点。在断点间切换的快捷键为 F5。

在 Visual Studio 文本区的左边栏上单击左键，也可设置某行为断点行。

②单步调试(逐语句)

单步调试的一般方法是在程序的起始位置设置断点，然后按“运行程序”，程序在断点处暂停后按“单步调试”按键进行单步调试。单步调试(逐语句)与断点调试的区别是程序会逐行运行，直到出现用户输入或未处理的异常。逐语句运行的快捷键是 F11。

③单步调试(逐过程)

逐过程与逐语句的区别在于前者是以代码过程为单位，如一个函数代码块；而后者是按代码行为单位，如果遇到函数，则跳入函数内部后逐条语句进行执行。逐过程的快捷键是 F10。

(4)异常与错误的区别

通过之前的介绍可以知道,异常是“可能”出现的,就是说异常是在特殊条件下才会产生的错误,而程序错误是语法层面上的问题,是在任何条件下都会发生的。由于编译器的进步,很多语法错误在编译时就会被发现,从而无法通过编译,被称为编译时错误。而异常通常很隐匿,所以需要捕获并处理以完善程序。

实验内容和要求

编写控制台应用程序,通过一段会产生异常的代码实现异常的捕获与处理,并练习调试程序,界面如图 35-1 所示。

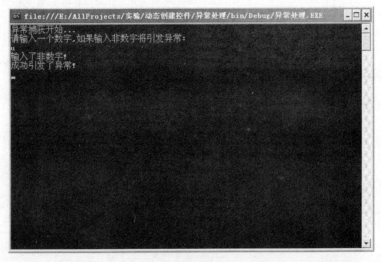

图 35-1　异常的捕获处理界面

实验步骤

(1)使用 Visual Studio 2008,新建控制台应用程序 ExException,并保存到适当的位置。

(2)在 Main()方法中编写一个空的 try-catch-finally 块,并在 try 和 catch 的下一行设置断点。

(3)在 try 块中写入如下代码。

```
i =Convert.ToInt32(Console.ReadLine());
```

(4)在 catch 块中写入如下代码。

```
Console.WriteLine("输入了非数字!");
flag = true;
```

(5)在 finally 块中写入如下代码。

```
if (flag)
{
    Console.WriteLine("成功引发了异常!");
}
```

(6)运行并通过断点调试程序。

(7)重新单步调试程序,观察运行过程。

实验回顾

(1)如何区分程序错误与程序异常？

(2)在.NET 的异常处理中，________和________块中的程序一定会被执行。

(3)除实验中提及的情况外，试举三例可能会引发异常的情况。

实验36 自定义异常

实验目的

(1)理解 Exception 类的意义；

(2)理解并掌握自定义异常的方法；

(3)理解并掌握同时处理多个异常的方法；

(4)理解并掌握 throw 关键字的使用方法。

背景知识

(1)Exception 类

表示在应用程序执行期间发生的错误。此类是所有异常的基类。当发生错误时，系统或当前正在执行的应用程序通过引发包含关于该错误的信息的异常来报告错误。异常发生后，将由该应用程序或默认异常处理程序进行处理。

公共语言运行库(CLR)提供一种异常处理模型，该模型基于对象形式的异常表示形式，并且将程序代码和异常处理代码分到 try 和 catch 块中。可以有一个或多个 catch 块，每个块都设计为处理一种特定类型的异常，一般将靠上部的块设计为捕捉比其他块更具体的异常。如果应用程序将处理在执行应用程序代码块期间发生的异常，则代码必须放置在 try 语句中，try 中的应用程序代码是 try 块。处理由 try 块引发的异常的应用程序代码放在 catch 语句中，称为 catch 块，每个 catch 块均包含一个确定该块处理的异常类型的类型筛选器。

在 try 块中出现异常时，系统按所关联 catch 块在应用程序代码中出现的顺序搜索它们，直到定位到处理该异常的 catch 块为止。如果某 catch 块的类型筛选器指定 T(T 代表某一个异常类)或任何派生于 T 的类型，则该 catch 块处理 T 类型的异常。系统在找到第一个处理该异常的 catch 块后即停止搜索，后边的 catch 块将不会被执行。因此，正如本节后面的示例演示，在应用程序代码中处理某类型的 catch 块必须在处理其基类型的 catch 块之前指定。处理 System. Exception 的 catch 块最后指定。

如果当前 try 块所关联的所有 catch 块均不处理该异常，且当前 try 块嵌套在当前调用的其他 try 块中，则搜索与下一个封闭 try 块相关联的 catch 块。如果没有找到用于该异常的 catch 块，则系统搜索当前调用中前面的嵌套级别。如果在当前调用中没有找到用于该异常的 catch 块，则将该异常沿调用堆栈向上传递，搜索上一个堆栈帧来查找处理该异常的 catch 块。继续搜索调用堆栈，直到该异常得到处理或调用堆栈中没有更多的帧为止。如果到达调用堆栈顶部却没有找到处理该异常的 catch 块，则由默认的异常处理程序处理该异常，然后应用程序终止。

异常类型支持的功能：

①描述错误的可读文本。当异常发生时，运行库产生文本消息通知用户错误的性质

并提供解决该问题的操作建议。此文本消息保存在异常对象的 Message 属性中。在创建异常对象过程中,可以将文本字符串传递给构造函数以描述该特定异常的详细信息。如果没有向构造函数提供错误信息参数,则将使用默认错误信息。

②发生异常时调用堆栈的状态。StackTrace 属性包含可以用来确定代码中错误发生位置的堆栈跟踪。堆栈跟踪列出所有调用的方法和源文件中这些调用所在的行号。

基类 Exception 下存在两类异常:

①从 System. Exception 派生的预定义公共语言运行库异常类。

②从 Application. Exception 派生的用户定义的应用程序异常类。

Exception 包含很多属性,可以帮助标识异常的代码位置、类型、帮助文件和原因:StackTrace、InnerException、Message、HelpLink、HResult、Source、TargetSite 和 Data。

当在两个或多个异常之间存在因果关系时,InnerException 属性会保存此信息,作为对此内部异常的反应将引发外部异常。处理外部异常的代码可利用以前的内部异常的信息更妥当地处理错误。关于异常的补充信息可以存储在 Data 属性中。

应本地化在创建异常对象过程中传递给构造函数的错误信息字符串,这种字符串可以使用 ResourceManager 从资源文件提供。有关本地化资源的更多信息,请参见"System. Resources 命名空间概述"和"打包和部署资源"。若要向用户提供有关异常发生原因的大量信息,可以使用 HelpLink 属性保存帮助文件的 URL(或 URN)。

(2)自定义异常

如果希望用户能以编程方式区分一些错误条件,可以创建自己的用户定义的异常。.NET Framework 提供根本上从基类 Exception 派生的异常类层次结构。这些类中的每一个都定义一个特定的异常,因此在很多情况下只需捕捉该异常即可。也可以通过从 Exception 类派生来创建自己的异常类。创建自己的异常时,比较好的编码做法是以"Exception"这个词作为用户定义的异常类名的结尾。

(3)throw 关键字

throw 语句用于发出在程序执行期间出现反常情况(异常)的信号。引发的异常是一个对象,该对象的类是从 System. Exception 派生的。

通常 throw 语句与 try-catch 或 try-finally 语句一起使用。当引发异常时,程序查找处理此异常的 catch 语句,也可以用 throw 语句重新引发已捕获的异常。

实验内容和要求

编写控制台应用程序,通过一段会引发异常的代码和 throw 关键字实现处理两种异常情况的功能,界面如图 36-1 和图 36-2 所示。

实验步骤

(1)使用 Visual Studio 2008,新建控制台应用程序 ExThrowException。

(2)在 Main 方法中编写一个空的 try-catch-finally 块。

(3)在 try 块中写入如下的代码。

```
i = Convert. ToInt32(Console. ReadLine());
if (i>10)
{
```

图 36-1　自定义异常控制台程序界面 1

图 36-2　自定义异常控制台程序界面 2

```
    throw new CustomException("数字大于 10 时抛出异常...");
}
```

(4)在 catch 块中写入如下的代码。

```
Console.WriteLine(e.Message);
flag = true;
```

(5)在 finally 块中写入如下的代码。

```
if (flag)
{
    Console.WriteLine("成功引发了一个异常!");
}
```

(6)在 try 块后添加一个 catch 块,并写入如下代码。

```
Console.WriteLine(ce.Message);
```

flag = true;

(7)创建 CustomException 类,此类继承于 System. Exception 类。

实验回顾

(1)简述合理设置异常处理顺序的思路。

(2)所有的异常类都应继承于________类。

(3)在任何情况下都应将所有代码写入到 try-catch-finally 块中吗?

Windows 应用程序开发篇

实验37 Hello World Windows应用程序

实验目的

(1)掌握使用 Visual Studio 2008 创建 Windows 应用程序的步骤；

(2)掌握 Windows 应用程序中窗体的属性和事件；

(3)掌握 Windows 应用程序中标签控件的使用方法。

背景知识

(1)Windows 窗体

窗体可以理解为一个窗口或一个应用程序的界面。当创建一个 Windows 应用程序项目时，系统自动为项目提供一个窗体，若应用程序需要增加窗体时，需要使用菜单【项目】→【添加 Windows 窗体】→【Windows 窗体】→【打开】，即可向项目中增加一个窗体。窗体类的命名空间是 System. Windows. Forms。

窗体有许多属性可以用来对窗体进行设置，以便使窗体符合程序的需要。表 37-1 仅列出最常用的几个。

表 37-1　窗体属性表

属性名	作　用
Name	标识窗体对象的名字，程序中用来指明是哪个窗体
Text	显示在窗体标题栏上的文字
StartPosition	窗体显示在屏幕上的初始位置
BackColor	设置背景颜色
ForeColor	设置前景颜色
BackgroundImage	设置背景图片
MaximizeBox	设置窗体是否需要最大化按钮
MinimizeBox	设置窗体是否需要最小化按钮
ControlBox	设置窗体是否需要关闭按钮

窗体有许多事件可以利用，程序中可以对需要利用的事件编写事件处理程序，当该事件发生时，事件处理程序被调用，以实现预定的功能。表 37-2 仅列出最常用的几个事件。

表 37-2　窗体事件表

事件名	含　义
Load	窗体载入时发生
Activated	窗体被激活时发生
Click	鼠标左键在窗体内单击时发生

（续表）

事件名	含 义
DoubleClick	鼠标左键在窗体内双击时发生
KeyDown	键按下时发生
KeyUp	键弹起时发生
KeyPress	按键时发生
MouseMove	在窗体内移动鼠标时发生

(2)Label 控件

Label 控件称为标签，主要用来显示静态文字，这些文字用作指示性说明，或者是这些文字不允许用户修改。

Label 控件常用的属性如表 37-3 所示。

表 37-3 Label 属性表

属性名	作 用
Name	标识标签对象的名字，程序中用来指明是哪个标签
Text	标签显示出来的文字
Font	标签的字体和大小
ForeColor	文字的颜色
Location	标签在窗体中的位置
Size	标签的大小
Visible	标签的可见性，为 true 时可见，为 false 时不可见

实验内容和要求

在 Windows 应用程序中新建窗体，运行时显示“Hello World”。如图 37-1 所示。

图 37-1 程序运行结果图

实验步骤

(1)启动 Visual Studio 2008，选择菜单项【文件】→【新建】→【项目】，在弹出的窗口中，项目类型选择“Visual C#”，模板选择“Windows 应用程序”，修改应用程序的名称为 ExWinowsHelloWorld，修改项目文件的保存位置，点击【确定】按钮。

(2)Visual Studio 2008 默认地为新建的 Windows 应用程序添加一个名为 Form1 的窗体，用鼠标左键单击 Form1 窗体，选中它之后，就可以在属性窗口中修改窗体的属性；将窗体的标题栏文本修改为“测试窗口”。

(3)从工具栏中向窗体上拖拽需要的 Label 控件，并通过拖拽将控件拖放到适当的位置;同时将 Label 控件的 Text 属性值修改为“Hello World”。

实验回顾

使用 Visual Studio 2008 创建 Windows 应用程序的步骤为:

(1)启动________;

(2)选择菜单项________→________→________,在弹出的窗体________中,选择模板________,修改________和________,点击________按钮。

实验38 控件——Label、TextBox和Button

实验目的

(1)掌握控件 Label、TextBox 和 Button 的常用属性和事件；

(2)熟练掌握 Windows 应用程序中常用控件 Label、TextBox 和 Button 的使用方法。

背景知识

(1)控件的介绍

①Label 控件也叫标签控件，其常见属性和用法参见实验 37 中的背景知识(2)；

②TextBox 控件的作用是向用户提供用于输入和输出的可编辑控件。其部分属性如下：

AcceptsReturn，指示多行编辑控件中是否可以输入回车符；

Multiline，控制编辑控件的文本是否跨越多行；

ReadOnly，控制用户是否可以在运行时修改文本框的内容。

③Button 控件提供可单击的按钮，开发者通常创建 Click 事件处理程序来响应用户单击按钮。其部分属性如下：

FlatStyle，定义 Button 控件实例的外观 Image，控件表面显示的图形；

ImageAlign，定义图像与按钮的可视区域的对齐方式。

④Form 窗口也是控件，也可以通过修改属性来控制它的外观，可以通过编写适当的代码来对其执行操作。

(2)控件的使用：直接从工具箱中拖拽控件到相应位置即可，工具栏一般停靠在窗体的左侧，可以在【视图】菜单中找到；控件的属性可以在属性窗口进行修改；属性窗口默认停靠在 Visual Studio 2008 开发窗口的右侧，也可以在【视图】菜单中找到，所有的控件都有一个非常重要的属性 Name，该属性代表了控件对象的名称，用于在. cs 文件中通过代码访问控件。

实验内容和要求

在 Windows 应用程序中编写登录窗体，当用户名和密码都是 admin 时，提示输入正确，如图 38-1 所示；否则给出输入错误提示，如图 38-2 所示。

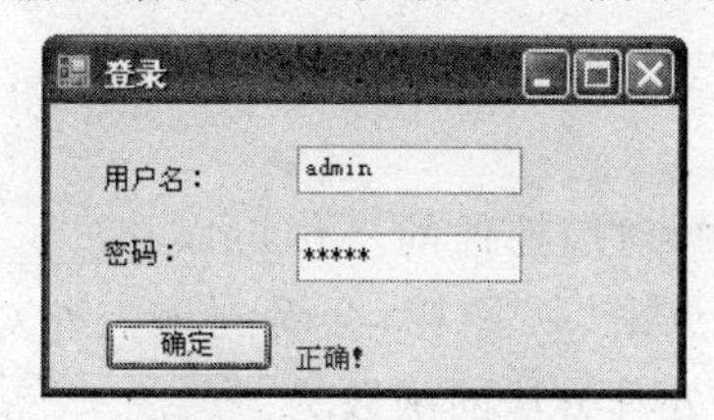

图 38-1　输入正确界面

图 38-2 输入错误界面

实验步骤

(1)启动 Visual Studio 2008,选择菜单项【文件】→【新建】→【项目】,在弹出的窗体中,项目类型选择“Visual C＃”,模板选择“Windows 应用程序”,修改应用程序的名称为 ExWinowsLogin,修改项目文件的保存位置,单击【确定】按钮。

(2)Visual Studio 2008 默认为新建的 Windows 应用程序添加一个名为 Form1 的窗体,用鼠标左键单击 Form1 窗体,选中它之后,就可以在属性窗口中修改窗体的属性;将窗体的标题栏文本修改为“登录”。

(3)从工具栏中向窗体上拖拽需要的控件,按照表 38-1 修改对应控件的 Name 属性;对于控件的命名一般要在控件名中看出控件的类型及作用,而不使用控件默认的属性值;通过拖拽将控件拖放到适当的位置。

表 38-1 控件及对应的属性设置表

控件类型	Text 属性值	Name 属性
Label	用户名	labelUserName
Label	密码	labelPwd
Button	确定	buttonOK
Label		labelInfo
TextBox		textBoxUserName
TextBox		textBoxPwd

(4)用鼠标左键单击【确定】按钮,在按钮的属性窗口中,点击“⚡”图标,在显示的按钮事件列表中,双击 Click 事件,此时,Visual Studio 2008 会自动生成一些代码,如将事件和事件处理方法联系起来的实例化事件字段的代码,以及事件处理方法的函数头(该函数必须满足事件处理相关委托的签名),在光标所在位置添加代码,实现对用户名和密码两个文本框中文本的读取和判断,这两个文本框中的文本都为“admin”,则标签 labelInfo 的文本设置为“正确”,并用蓝色字体显示;否则标签 labelInfo 的文本设置为“用户名或者密码错误!”,用红色字体显示。

(5)执行程序查看能否得到预期的结果。

实验回顾

(1)Visual Studio 2008 中,对应控件的事件可以在________窗口中进行设置。首先选中控件,在________窗口中点击“⚡”图标,会看到该控件对应的事件,双击将要触发的事件,会自动生成对应的事件处理方法的函数头。

(2)在后台代码中,访问控件的属性需要通过"________.属性名"来实现,因此,一定要在添加了控件之后,修改控件的________属性值。

(3)在 Visual Studio 2008 中可以通过两种方法来设置控件的字段,一种是静态的设置,这种方法的特点是,控件的属性值________(填"会/不会")随程序的运行而发生变化,通过使用鼠标________单击选中控件,并在________窗口中找到对应的属性,进行修改来实现;另一种是动态的设置,这种方法的特点是,控件的属性值________(填"会/不会")随程序的运行而发生变化,通过在后台的 cs 文件中,编写________代码实现对属性的修改。其实静态的设置也是通过代码实现的,只不过这些代码不是编程人员手动添加的,而是由 Visual Studio 2008 根据用户对属性值的设置来自动生成的。

(4)在为控件的 Name 属性赋值时,一般遵循什么原则?例如用于让用户输入密码的文本框要如何设置它的 Name 属性?(答案不唯一)

(5)对于文本框控件,修改它的________属性,可以将该控件作为密码框使用;修改________属性的值为________,可以使之成为多行文本框。

实验39 控件——RadioButton、CheckBox和GroupBox

实验目的

(1)掌握 RadioButton 控件的常用属性和事件;

(2)掌握 CheckBox 控件的常用属性和事件;

(3)能够在 GroupBox 控件中正确地使用上述两个控件。

背景知识

(1)RadioButton 控件

① RadioButton 是一个单选按钮,派生于 ButtonBase 类,是按钮的一种;如果没有使用 GroupBox 控件,一个窗体上的多个 RadioButton 最多只有一个能够处在选中状态;使用 GroupBox 控件可以将 RadioButton 分组,每组允许有一个处在选中状态。

②控件的部分属性

Name:对象名;

Apperance:控制单选按钮的外观,可以是一个圆形的选中标签和对应的选项文本;可以是按钮形式的外观,选中时按钮为按下状态,否则为抬起状态;

Checked:表示该按钮对应单选项是否选中;

Text:该按钮对应单选项的文本;

AutoCheck:bool 型属性,为 true 时,当用户单击单选按钮,会显示一个选中标记;否则,需要在 Click 事件处理方法中编写代码来修改控件的状态。

③常用事件

CheckedChanged:当 RadioButton 控件的 Checked 属性发生变化时,会触发该事件;

Click:点击单选按钮控件时触发该事件。

(2)CheckBox 控件

①CheckBox 是一个复选框,它与 RadioButton 类似,只是可以同时有多个复选框被选中。

②其大部分属性与 RadioButton 类似,下面是两个额外的特殊属性:

CheckState:该属性包含 3 个值 Checked、Indeterminate 和 Unchecked,分别表示选中、无效和未选中;

ThreeState:bool 型属性,为 true 时,CheckState 可以有中间态;否则,没有中间态。

③常用事件

CheckedChanged:当控件的 Checked 属性发生变化时,会触发该事件;

CheckStateChanged:当控件的 CheckState 属性发生变化时,会触发该事件。

当控件的 ThreeState 属性值为 false 时,可以认为上面的两个事件是一样的;当 ThreeState 属性值为 true,Checked、Indeterminate 为 false 时不触发 CheckedChanged

事件。

(3)GroupBox 控件

①GroupBox 是一个容器,常用于逻辑地组合一组控件。在不使用 GroupBox 控件时,窗体上的一组单选按钮最多只有一个可以处在选中状态,而实际的应用中,可能需要将这些按钮分成两个组,或者多个组,每个组允许有一个按钮处在选中状态,此时使用 GroupBox 控件可以实现分组的功能。

②用法:将该控件拖放到窗体上,把可以分成一组的控件拖放到 GroupBox 中,并修改该控件的 Name 和 Text 属性即可。同处在一个 GroupBox 中的控件,当拖拽所在的 GroupBox 控件时,也会随着整体移动。

实验内容和要求

(1)创建 Windows 应用程序,实现如图 39-1 和图 39-2 所示功能。

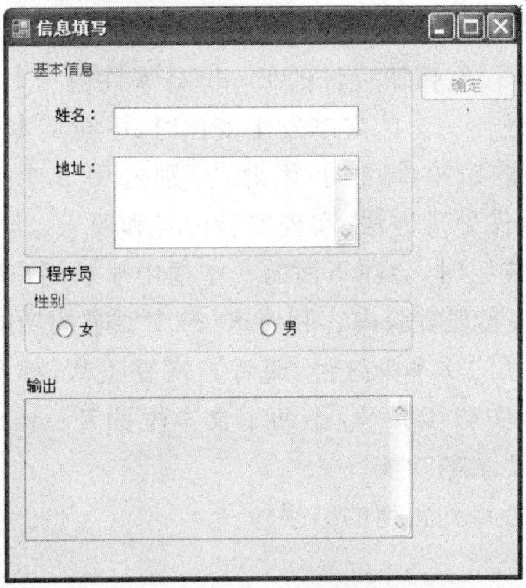

图 39-1 初始界面

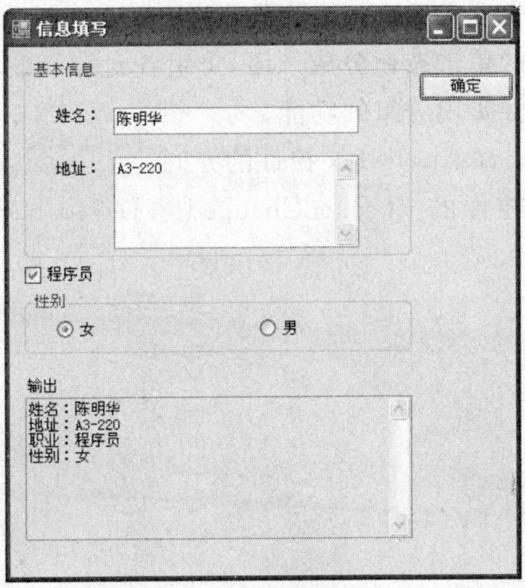

图 39-2 显示用户输入信息界面

(2)当用户输入了姓名和地址这两项基本信息后,【确定】按钮为可点击的;否则【确定】按钮是灰色的,点击按钮不触发任何事件。

(3)在信息输入全之后,点击【确定】按钮,可以在下面的文本框中显示用户输入的信息,如图 39-2 所示。

(4)附加要求:当姓名和地址对应的文本框为空时,对应文本框的背景颜色为红色,给用户以提示。

实验步骤

(1)启动 Visual Studio 2008,创建 Windows 应用程序 ExRadioButtonandCheckBox,修改应用程序项目文件的保存位置,点击【确定】按钮。

(2)修改 Form 窗体的 Text 属性,使之符合实验内容中的要求,并按照实验内容中的要求,为窗体添加适当的控件,主要有 2 个 GroupBox 控件,3 个 Label 控件,3 个文本框控件,2 个 RadioButton 控件和 1 个 CheckBox 控件,1 个 Button 控件;修改对应控件的 Name 属性为适当的值,并设置按钮控件的 Enabled 属性值为 false。

(3)当两个文本框中任何一个的文本发生变化时,可能文本框中文本的内容就不为空了,此时可以通过代码使按钮控件可用;因此,分别选中 2 个文本框,并分别为它们的 TextChanged 事件编写事件处理方法,实现实验内容和要求(2)中要求的功能。

(4)在点击了【确定】按钮时,会在下面的文本框中显示用户输入的信息;因此,编写按钮的 Click 事件处理方法,实现实验内容和要求(3)中要求的功能。

(5)实际上修改文本框的文本为红色,或者是恢复正常,都是在文本框中的文本发生变化时的动作,因此,修改实验步骤(3)中两个文本框的 TextChanged 事件处理方法,实现实验内容和要求(4)中要求的功能。

(6)执行程序查看能否得到预期的结果。

实验回顾

(1)当文本框的文本发生变化时,即用户在文本框中输入了新的内容,或删除了某些原有的内容时,会触发文本框的________事件。

(2)当需要将窗体上的单选按钮分成 2 组,每组各允许有最多一个按钮处在选中状态时,可以使用________控件实现分组的功能。

(3)简述 RadioButton 和 CheckBox 控件的异同。

(4)简述 CheckBox 控件的 CheckedChanged 事件和 CheckedStateChanged 事件的异同。

实验40 控件——ListBox和CheckedListBox

实验目的

(1)掌握 ListBox 控件的常用属性和事件；

(2)掌握 CheckedListBox 控件的常用属性和事件；

(3)能够在应用程序中正确地使用上述两个控件。

背景知识

(1)列表框用于显示一组字符串，可以一次从中选择一个或者多个选项。与复选框和单选按钮一样，列表框也提供了要求用户选择一个或多个选项的方式。在设计期间，如果不知道用户要选择的数值个数，就应使用列表框。即使在设计期间知道所有可能的值，但是列表中的值非常多，也应该考虑列表框。

(2)ListBox 控件

①ListBox 是列表框的一种，派生于 ListControl 类；ListControl 类提供了. NET Framework 内置列表类型控件的基本功能。

②部分属性

SelectedIndex，这个值表示列表框中选中选项的基于 0 的索引，如果列表框可以一次选择多个选项，这个属性就包含选中的第一个选项；

SelectedItem，在只能选择一个选项的列表框中，这个属性包含选中的选项，在可以选中多个选项的列表框中，这个属性包含选中选项的第一个选项；

SelectedItems，该属性是一个集合，包含当前选中的所有选项；

SelectionMode，包括四种选择模式：

- None——不能选择任何选项；
- One——一次只能选择一个选项；
- MultiSimple——可以选择多个选项，在单击列表中的一项时，该项就会被选中；
- MultiExtended——可以选择多个选项，用户还可以使用 Ctrl、Shift 和箭头键进行选择。它与 MultiSimple 的不同，如果先单击一项，然后单击另一项，则只选中第二个单击的项。

Items，表示列表框中的所有选项，使用这个集合的属性可以增加和删除选项；

Text，设置列表框控件的 Text 属性，它将搜索匹配该文本的选项，并选择该选项。

③常用事件

ClearSelected，清除列表框中的所有选项；

GetSelected，返回一个表示是否选择一个选项的值；

SetSelected，设置或清除选项。

(3)CheckedListBox 控件

①CheckedListBox 也是一个列表框，派生于 ListBox 类，它提供的列表类似于 ListBox。与 ListBox 控件的不同之处，每个列表选项还附带一个选中标记，它与 RadioButtonList 类似，只是可以同时有多个复选框被选中。

②其大部分属性与 ListBox 类似，下面是两个额外的特殊属性。

CheckedItems，该属性包含两个值 Checked、Indeterminate，分别表示"选中"、"无效"；

CheckOnClick，bool 型属性，为 true 时，选项会在用户单击时改变它的状态。

③常用事件

ItemCheck，在列表框中一个选项的选中状态改变时会触发该事件；

SelectedIndexChanged，在选中选项的索引改变时会触发该事件。

实验内容和要求

(1)创建 Windows 应用程序，编辑窗体上的控件如图 40-1 所示。

(2)当用户选择左边列表框的若干选项，单击【Move】按钮，就会在右边列表框中显示选择的结果，结果如图 40-2 所示。

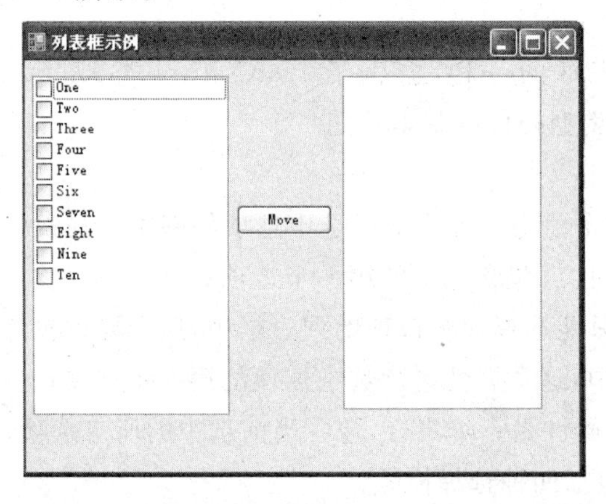

图 40-1 初始界面

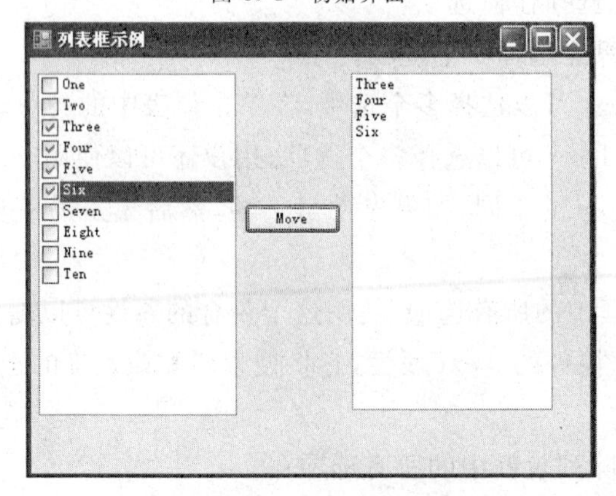

图 40-2 运行结果

实验步骤

(1)启动 Visual Studio 2008,创建 Windows 应用程序 ExLists,修改应用程序项目文件的保存位置,点击【确定】按钮。

(2)修改 Form 窗体的 Text 属性,使之符合实验内容中的要求,并按照实验内容中的要求,为窗体添加适当的控件,主要有:1 个 ListBox 控件,1 个 CheckedListBox 控件和 1 个按钮;修改对应控件的 Name 属性为适当的值。

(3)把 CheckedListBox 的属性 CheckOnClick 修改为 true,这样每次单击选项即为选中状态。

(4)在单击【Move】按钮时,左边列表框中选中的内容会在右边列表框中显示;因此,编写按钮的 Click 事件处理方法,实现实验内容和要求(2)中要求的功能。

(5)执行程序查看能否得到预期的结果。

实验回顾

(1)当列表框某个选项的选中状态发生变化时,会触发列表框的________事件。

(2)简述 ListBox 和 CheckedListBox 控件的异同。

(3)简述列表框的四种选择模式。

实验41 小型计算器

实验目的

(1)继续熟悉和掌握使用 Visual Studio 2008 创建 Windows 应用程序的步骤；

(2)理解事件驱动的含义，体会 Windows 应用程序中实现事件驱动需要编程人员做哪些操作。

背景知识

(1)Windows 窗体控件的事件

这些事件通常与用户的操作相关。例如，用户单击或者按下按钮时，该按钮就会生成一个事件，对发生的事情进行处理；而处理事件就是编程人员为该按钮提供的功能。

(2)控件常见的事件

所有的控件都是 Control 的派生类，因此，控件最常见的事件实际上也都定义在 Control 类中，常见的事件如表 41-1 所示。

表 41-1 控件常见的事件列表

事件名称	描　述
Click	当单击控件时触发，在某些情况下，也会在按下回车键时触发
DoubleClick	当双击控件时触发，如果处理了控件上的 Click 事件，就永远不会触发 DoubleClick 事件
KeyDown	当焦点在控件上时，按下一个键会触发该事件，该事件会在 KeyPress 之前触发；在该事件中传送的是被按下键的键盘码
KeyPress	当焦点在控件上时，按下一个键会触发该事件，该事件会在 KeyDown 之后、KeyUp 之前触发；在该事件中传送的是被按下键的 char 值
KeyUp	当焦点在控件上时，释放一个键会触发该事件，该事件总在 KeyPress 之后触发；在该事件中传送的是被按下键的键盘码
MouseMove	在鼠标滑过控件时触发
MouseEnter	在鼠标进入到控件范围内时触发
MouseLeave	在鼠标离开控件范围时触发
MouseHover	在鼠标在控件上方悬停时触发
MouseDown	在鼠标在控件上被按下时触发
MouseUp	在鼠标在控件上被释放时触发

在上面所有事件中，最常用的事件就是控件的点击事件，尤其是按钮控件的点击事件；此外，每个不同的控件还有一些控件本身特有的事件，在学习单独的控件时再研究。

(3)编程人员为控件编写事件处理方法的过程为：

①单击鼠标左键，选中窗体上的控件；

②在属性窗口中点击“⚡”图标，属性窗口中将显示该控件对应的事件列表；

③双击要处理的事件；

④在光标所在处编写事件处理方法需要的代码。

在上面的步骤③中，Visual Studio 2008 会自动生成两部分代码，一部分在窗体的 designer. cs 文件中，为字段名+=new 委托(事件处理方法名)；另一部分在窗体的 cs 文件中，为对应的事件处理方法的函数头；控件的事件字段是由.NET Framework 定义好的，而且事件处理方法要满足的委托也由.NET Framework 提供；在发生了事件时，触发事件的代码也被隐藏起来了；因此，使用 Visual Studio 2008 进行 Windows 应用程序开发的编程人员只需要找到事件，按照正确的步骤编写事件处理方法即可。

实验内容和要求

编写简易计算器，实现简单的运算功能。计算器的界面如图 41-1 所示。

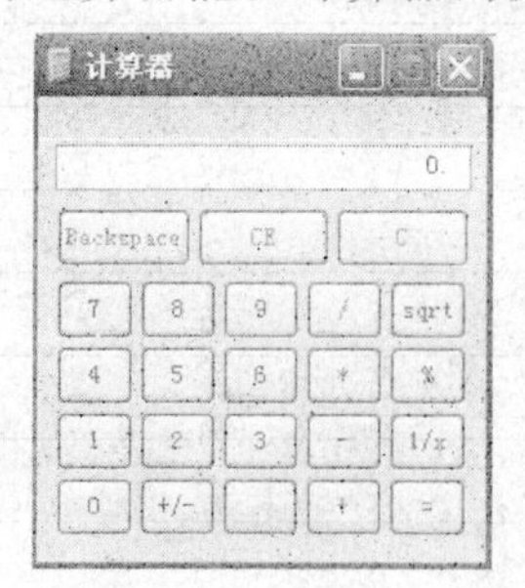

图 41-1　简易计算器界面

实验步骤

(1)启动 Visual Studio 2008，选择菜单项【文件】→【新建】→【项目】，在弹出的窗口中，项目类型选择“Visual C＃”，模板选择“Windows 应用程序”，修改应用程序的名称为 ExCalculator，修改项目文件的保存位置，点击【确定】按钮。

(2)Visual Studio 2008 默认为新建的 Windows 应用程序添加一个名为 Form1 的窗体，用鼠标左键单击 Form1 窗体，选中它之后，就可以在属性窗口中修改窗体的属性。将窗体的名称修改为“计算器”，并修改窗体的图标为图 41-1 所示的图标。思考上面的两个要求通过修改窗体控件的什么属性来实现？如何修改？(需要注意的是要修改窗体或其他控件的图标，必须提供后缀名为 ico 的图标文件)

(3)从工具栏中向窗体上拖拽需要的控件，1 个文本框和 23 个按钮，按照表 41-2 修改这 23 个控件的 Name 属性；对于控件的命名一般要在控件名中看出控件的类型及作用，而不使用控件默认的 Name 属性。

表 41-2　控件及对应的属性设置表

控件类型	文本 Text 属性	名称 Name 属性
Button	0	buttonNum0
Button	1	buttonNum1
Button	2	buttonNum2
Button	3	buttonNum3

(续表)

控件类型	文本 Text 属性	名称 Name 属性
Button	4	buttonNum4
Button	5	buttonNum5
Button	6	buttonNum6
Button	7	buttonNum7
Button	8	buttonNum8
Button	9	buttonNum9
Button	.	buttonDot
Button	+	buttonAdd
Button	—	buttonMinus
Button	+/—	buttonSymbol
Button	*	buttonMultiply
Button	/	buttonDivide
Button	=	buttonCalculate
Button	sqrt	buttonSqrt
Button	%	buttonMod
Button	1/x	buttonCountDown
Button	Backspace	buttonBackspace
Button	CE	buttonCE
Button	C	buttonC
TextBox	0.	textBoxResult

(4)为项目添加一个 Calculator 类,该类用于实现用户要求的各种计算。

①为该类设置 3 个私有 double 字段 operator1、operator2 和 result,operator1 和 operator2 表示两个运算数,对于只有一个运算数的运算,采用 operator1 作为运算数;result 用于存放计算的结果。

②为该类添加 8 个方法:Add()、Minus()、Multiply()、Divide()、Sqrt()、CountDown()、Mod()以及 RelativelyFew(),分别用于实现加、减、乘、除、开方、求倒数、取余,以及取相对数的运算操作。

③为该类添加 3 个属性,分别实现对 result 字段的读操作,以及对 operator1 和 operator2 的写操作,在设置 operator1、operator2 的值时,需要将 value 值转换为 double 类型,并进行异常处理。

(5)添加类 InputOutput,用于实现向文本框的输入和输出操作,该类中包含一个 Calculator 成员该类提供方法 ChangeText(),可以根据点击按钮的文本,修改文本框的文本,在必要的时候调用 Calculator 成员的方法和属性。

(6)为 Form1 窗体类添加 InputOutput 成员字段,为每个按钮编写按钮点击事件,当点击了按钮时,调用该类的 ChangeText()方法进行相应的处理。思考:按钮点击事件,或控件的其他事件是如何与事件处理方法绑定的？

(7)为上面提到的每个类添加构造函数，初始化相应的成员字段。

实验回顾

(1)在实验步骤(2)中需要设置窗体的________属性修改窗体标题栏的图标，在该属性中点击右侧的按钮，在浏览窗口中选中对应图标文件即可；修改和设置________属性的值可以设置窗体标题。

(2)Visual Studio 2008 中，对应控件的事件可以在________窗口中进行设置。首先选中控件，在________窗口中点击“⚡”图标，会看到该控件关联的事件，双击将要触发的事件，会自动生成对应的事件处理方法的函数头，此时该方法已经与对应事件联系起来了，编程人员只需要编写事件处理方法中的功能代码即可。

实验42 控件——ListView

实验目的

(1)理解并掌握 ListView 控件的使用方法；

(2)理解并掌握 TreeView 控件的使用方法；

(3)简单了解与非托管代码的交互过程。

背景知识

(1)ListView

Windows 窗体 ListView 控件显示了带图标的项的列表。可使用列表视图创建类似于 Windows 资源管理器右窗格的用户界面。该控件具有四种视图模式："LargeIcon"、"SmallIcon"、"List"和"Details"。平铺是一种附加视图模式，只能在 Windows XP 和 Windows Server 2003 操作系统上使用。

大图标视图模式在项目文本旁显示大图标；如果控件宽度足够大，则项目显示在多列中。小图标视图模式除显示小图标外，其他方面与大图标视图模式相同。列表视图模式显示小图标，但总是显示在单列中。"Details"视图模式在多列中显示项。视图模式取决于 View 属性。所有视图模式都可显示图像列表中的图像。

(2)TreeView

使用 Windows 窗体 TreeView 控件，可以为用户显示节点层次结构，就像在 Windows 操作系统的 Windows 资源管理器功能的左窗格中显示文件夹层次一样。树视图中的各个节点可能包含其他节点，称为"子节点"。可以按展开或折叠的方式显示父节点或包含子节点的节点。通过将树视图的 CheckBoxes 属性设置为 true，还可以显示在节点旁边带有复选框的树视图。然后，通过将节点的 Checked 属性设置为 true 或 false，可以采用编程方式来选中或清除节点。

TreeView 控件的主要属性包括 Nodes 和 SelectedNode。Nodes 属性包含树视图中的顶级节点列表。SelectedNode 属性设置当前选中的节点。可以在节点旁边显示图标。该控件使用在树视图的 ImageList 属性中命名的 ImageList 中的图像。ImageIndex 属性可以设置树视图中节点的默认图像。如果使用的是 Visual Studio 2005 以上版本，可以访问能够与 TreeView 控件一起使用的大型标准图像库。

(3)System. Runtime. InteropServices

System. Runtime. InteropServices 命名空间提供各种各样支持 COM interop 及平台调用服务的成员。此命名空间提供了多种类别的功能，属性可控制封送行为，例如如何安排结构或表示字符串。其中最重要的属性有 DllImportAttribute(可以用来定义用于访问非托管 API 的平台调用方法)和 MarshalAsAttribute(可以用来指定如何在托管内存与非托管内存之间封送数据)。

（4）与非托管代码交互操作

Microsoft .NET Framework 将促进与 COM 组件、COM+服务、外部类型库和许多操作系统服务的交互操作。在托管和非托管对象模型之间，数据类型、方法签名和错误处理机制都存在差异。为了简化.NET Framework 组件和非托管代码之间的互用并便于进行移植，公共语言运行库将从客户端和服务器中隐藏这两种对象模型之间的差异。

在运行库的控制下执行的代码称作托管代码。相反，在运行库之外运行的代码称作非托管代码。COM 组件、ActiveX 接口和 Win32 API 函数都是非托管代码。

实验内容和要求

编写 Windows 应用程序，实现简单的资源管理器的功能，主界面如图 42-1 所示。

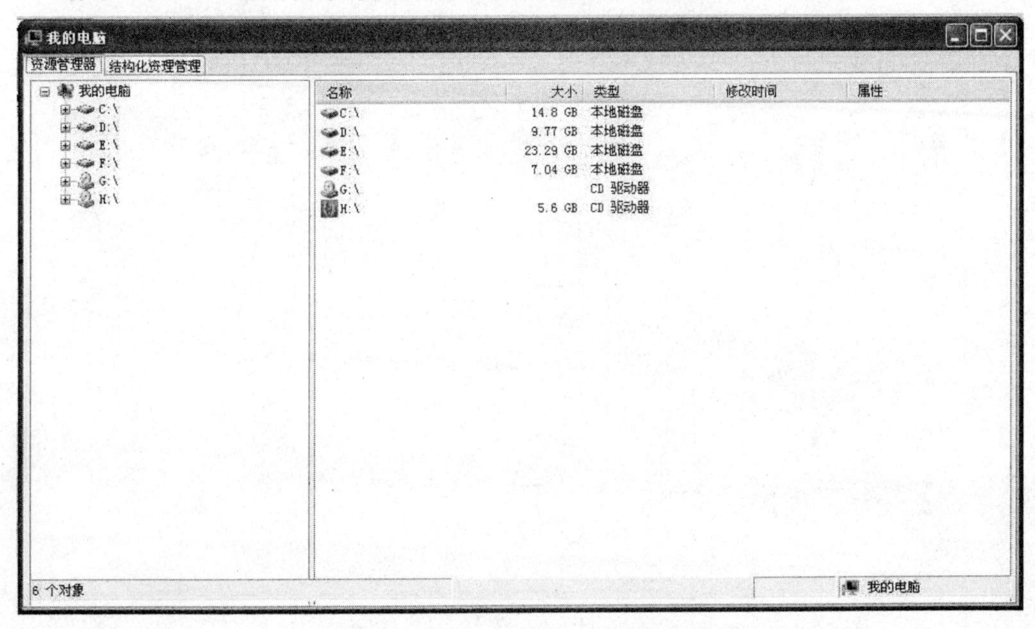

图 42-1 资源管理器主界面

实验步骤

（1）使用 Visual Studio 2008，新建 Windows 应用程序 Explorer，并保存到适当的位置。

（2）修改 Form1 对应的 cs 文件名为 Explorer.cs。

（3）修改窗体的 Text 属性为“我的电脑”。

（4）为项目添加文件夹 res，保存各类图标文件。

（5）添加一个 SplitContainer 控件，将其 Dock 属性改为 Fill。

（6）添加一个 TreeView 控件，置于 SplitContainer 的左侧区域，改名为 DirectorytreeView，将其 Dock 属性改为 Fill。

（7）添加一个 ListView 控件，置于 SplitContainer 的右侧区域，将其 View 属性改为 Details，Dock 属性改为 Fill 并更名为 DirectoryInfoListView。

（8）添加一个 ImageList 组件并更名为 imageListIcon，点击选择图像，将 res 文件夹中的图标文件加入其中。然后将 TreeView 控件的 ImageList 属性绑定为 imageListIcon。

思考:在本实验中 DirectorytreeView 与 imageListIcon 有着怎样的关系?

(9)为类 Explorer(即窗体类)添加一系列方法,实现显示驱动器和文件夹内容的功能。

(10)在命名空间 Explorer 中添加类 File_Info,实现使用 API 获取文件信息的功能。

(11)在命名空间 Explorer 中添加类 FileOperate,实现使用 API 操作文件的功能。

实验回顾

(1)简述 TreeView 控件与 ListView 控件的异同。

(2)ImageList 是一种存放一组图片的________,而非________。

实验43 控件——MenuStrip和ContextMenuStrip

实验目的

(1)理解并掌握 MenuStrip 和 ContextMenuStrip 控件的使用方法；

(2)能够为菜单控件设置快捷键。

背景知识

两种菜单控件的本质是一样的，只是表现形式不同。

(1)MenuStrip 是主菜单控件，一般一个窗体只有一个主菜单控件，如果在一个窗体中拖拽了多个 MenuStrip 控件，就需要设置窗体的 MainMenuStrip 属性，指定其中的一个菜单为主菜单；.NET 提供了三种类型的菜单项，MenuItem 为普通菜单项，相当于一个可点击的按钮，一般为菜单项编写 Click 事件处理方法，以响应用户的请求；ComboBox 为组合框形式，用户可以点击下拉按钮选择事先提供的可选项；TextBox 为文本框形式，允许用户直接进行输入。菜单项的几个常用属性如表 43-1 所示。

表 43-1　　菜单项的常用属性

属性名	作用
Name	菜单项的名字
Text	菜单项的文本，使用 & 字母的形式，可以提供菜单项的热键
ShortCutKeys	指定菜单项的快捷键
CheckOnClick	当属性值为 true，该菜单项表示一个可选项，用户可以通过是否选择该项决定应用程序提供的功能
Checked	表示用户是否选中了该菜单项，true 为选中，false 为未选中
CheckState	菜单项的选中状态，包括 Checked，Unckecked 和中间态 Interminate

(2)ContextMenuStrip 为弹出式菜单，当在某个控件上单击鼠标右键时，就会弹出该控件；其中的菜单项与 MenuStrip 是相同的；一个窗体中可以包含多个 ContextMenuStrip，设置控件的 ContextMenuStrip 属性，可以决定控件的弹出式菜单。

实验内容和要求

仿照 Word 菜单样式，编写 Windows 应用程序，实现通过菜单改变窗体中控件文本内容的功能，主界面如图 43-1 所示。

实验步骤

(1)使用 Visual Studio 2008，新建 Windows 应用程序 ExMenu，并保存到适当的位置。

(2)修改 Form1 对应的 cs 文件名为 FormMenus. cs。

(3)修改窗体的 Text 属性为“菜单实验”。

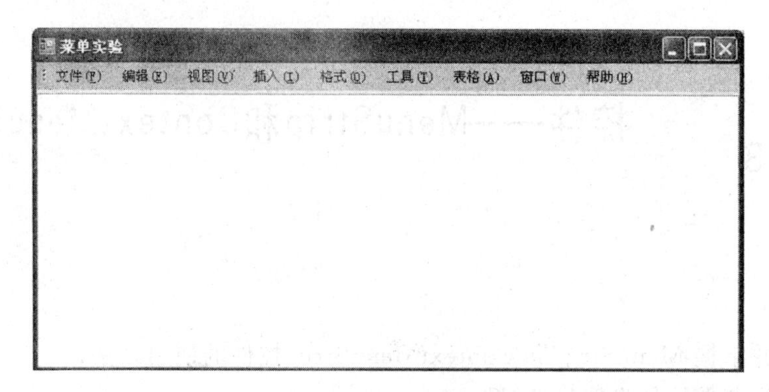

图 43-1 使用菜单程序主界面

(4)从工具箱中拖拽出一个 MenuStrip 控件，一个 ContextMenuStrip 控件以及一个 TextBox 控件。将 MenuStrip 控件的 Name 属性改为"menuStripMain"，ContextMenuStrip 控件的 Name 属性改为"contextStrip"，TextBox 控件的 Name 属性改为"txtContent"、Dock 属性改为"Bottom"并调整到适当位置。

(5)单击设计器组件区的 ContextMenuStrip 组件的黑色三角号，点击【编辑】项打开编辑器，在左上角的下拉框可以选择 toolStripMenuItem 和 Separator，分别为可点击的菜单项和分隔符。

首先选择 MenuItem，点击【添加】按钮，这样就成功添加了一个菜单项。然后在编辑器右侧的属性区将这个 ToolStripMenuItem 的 Name 属性改为"全选 AToolStripMenuItem "，Text 属性改为"全选(&A)"。最后，根据图 43-2 将其他项完成，图中菜单项之间的分隔符即为 Separator 分隔符。

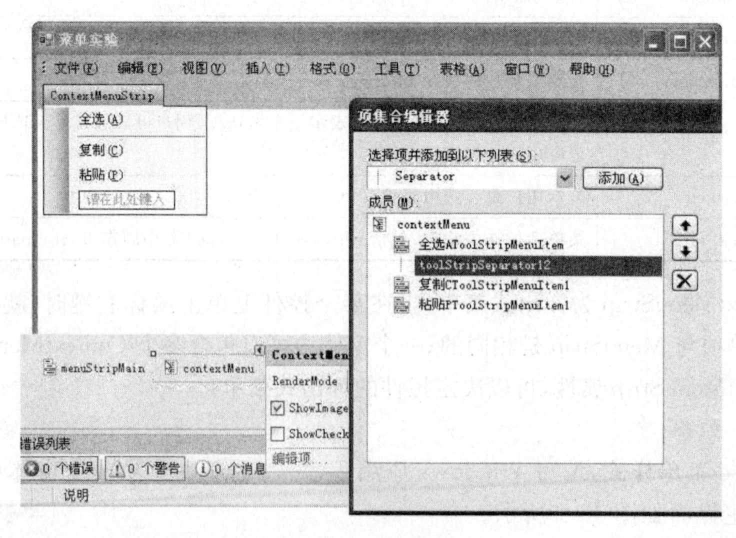

图 43-2 项编辑器截图

(6)在 MenuStrip 空白处单击右键，在弹出菜单中选择【编辑】项，根据步骤(4)所述方法和图 43-1 编辑主菜单。

(7)在 MenuStrip 的某个菜单项上点击右键，同样选择"DropDownItems"即可进入编辑器编辑子菜单了。

思考:MenuStrip 与 ContextMenuStrip 的本质。

(8)修改窗体的 ContextMenu 属性,让窗体和 ContextMenuStrip 关联起来。

(9)单击“contextMenuStrip”组件,在显示出来的控件上,双击【全选】菜单项生成全选 AToolStripMenuItem_Click 事件,为事件处理函数编写代码,点击该菜单项时可以选定 txtContent 中的全部文本。

练习:根据上述方法,自行完成复制、粘贴、剪切的功能。

(10)参照步骤(9),为 menuStripMain 的所有子菜单添加功能,使点击每一个菜单项时均会在 txtContent 中显示一段文本,例如“选择了文件”。

实验回顾

(1)简述 MenuStrip 控件与 ContextMenuStrip 控件的主要区别。

(2)在文本框中复制、粘贴和剪切分别使用了________类的静态方法________、________和________。

(3)根据 string 和 StringBuilder 类的异同,请简述在处理大量文本情况下优化本程序的思路。

实验44 动态创建控件

实验目的

（1）理解并掌握多个控件在其容器中的组织方式；

（2）理解并掌握“运行时”添加和移除控件的方法；

（3）理解并掌握“运行时”与“设计时”的区别。

背景知识

（1）System. Windows. Forms. Form 类

表示组成应用程序的用户界面的窗口或对话框。Form 是应用程序中所显示的任何窗口的表示形式。Form 类可用于创建标准窗口、工具窗口、无边框窗口和浮动窗口，还可以使用 Form 类创建模式窗口，例如对话框。另外有一种特殊类型的窗体，即多文档界面（MDI）窗体可包含其他称为 MDI 子窗体。通过将 IsMdiContainer 属性设置为 true 来创建 MDI 窗体。通过将 MdiParent 属性设置为将包含 MDI 子窗体的 MDI 父窗体来创建 MDI 子窗体。

（2）Form 类的属性

使用 Form 类中可用的属性，可以确定所创建窗口或对话框的外观、大小、颜色和窗口管理功能。Text 属性允许在标题栏中指定窗口的标题。Size 和 DesktopLocation 属性允许定义窗口在显示时的大小和位置。可以使用 ForeColor 颜色属性更改窗体上放置的所有控件的默认颜色。MaximizeBox、MinimizeBox 和 FormBorderStyle 属性允许控制运行时窗体是否可以最小化、最大化或调整大小。

（3）Form 类的事件

除了属性之外，还可以使用 Form 类的方法来操作窗体。例如，可以使用 ShowDialog 方法将窗体显示为模式对话框，可以使用 SetDesktopLocation 方法在桌面上定位窗体等。

Form 类的事件允许响应对窗体执行的操作，可以使用 Activated 事件执行操作，如当窗体已激活时更新窗体控件中显示的数据等。

（4）启动窗体

可以通过在类中放置称为 Main 的方法将窗体用作应用程序中的启动类。在 Main() 方法中添加代码，以创建和显示窗体。为了运行窗体，还需要在 Main() 方法中添加 STAThread 属性。关闭启动窗体时，应用程序同时关闭。

①Control. Controls 属性

获取包含在控件内的控件的集合。

Control 可以充当控件集合的父级。例如，将多个控件添加到 Form 时，每一个控件都是分配给该窗体的 Controls 属性的 Control. ControlCollection 的成员，Controls 属性派生于 Control 类。

可以使用 Control. ControlCollection 类中的可用方法，在分配给 Controls 属性的 Control. ControlCollection 中操作控件。

将多个控件添加到父控件时，建议在初始化要添加的控件之前调用 SuspendLayout 方法。将控件添加到父控件之后，调用 ResumeLayout 方法。这样就可以提高带有许多控件的应用程序的性能。

②Control. Refresh 方法

强制控件使其工作区无效并立即重绘自己和任一子控件。

(5)"运行时"与"设计时"的区别

"运行时"(Runtime)和"设计时"(Designtime)分别指程序的运行过程和程序的编写过程。本实验中"动态"的含义即"在程序的运行过程中"，而非"设计时"。了解这一点对充分理解本实验是十分重要的，可以避免混淆，不会在"设计时"将控件创建好而曲解实验目的。(尽管这样做的效果是一样的，但本质不同)

如果向深层次学习的话，会了解到"运行时"与"设计时"的最本质区别是"设计时"创建的控件所需的内存请求已被编码到中间文件里面了；而"运行时"创建的控件所需的内存空间会在某个特定的时刻按需分配，执行效率更高。

实验内容和要求

编写 Windows 应用程序，实现动态创建和移除控件的功能。程序界面如图 44-1、图 44-2 所示。

图 44-1　动态创建控件截图

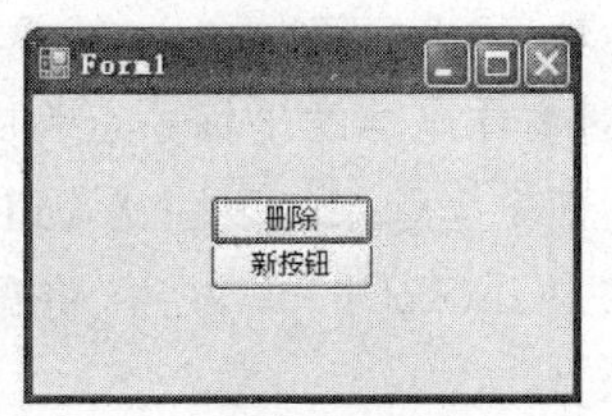

图 44-2　动态移除控件截图

实验步骤

(1)使用 Visual Studio 2008，新建 Windows 应用程序 ExDynamicCreatingControl，并保存到适当的位置。

(2)修改 Form1 对应的 cs 文件名为 FormDynamicControl. cs。

(3)修改其 Text 属性为"动态创建控件"。

(4)从工具箱中拖拽出一个 Button 控件，放置于窗体任意位置，修改其 Name 属性为"buttonCreate"，Text 属性为"创建"，并双击该按钮生成 buttonCreate_Click 事件处理函数，并编写代码。

思考：窗体控件的增与减的本质是什么发生了变化？

实验回顾

(1)本次实验中动态创建的控件是在________生成的。

(2)练习：在本次实验的基础上，动态创建多于一个非按钮控件。

实验45　鼠标事件

实验目的

(1)理解并掌握鼠标点击事件；

(2)理解并掌握鼠标坐标的确定方法。

背景知识

(1)Control 类

Control 类位于 System. Windows. Forms 命名空间下，System. Windows. Forms 命名空间包含了所有与窗体有关的类及命名空间。

Control 类是 Visual Studio 中所有可视化控件的基类，所有控件(这里特指 Windows 窗体编程中的可视化控件)均继承于该类。

在本次实验中涉及 Control 类中的两个静态方法：Control. PointToScreen 和 Control. PointToClient。使用这两个方法可以将某个点的坐标转换为屏幕坐标或窗体坐标。屏幕坐标是指以显示器显示区域(可以理解为整个桌面)的左上角为坐标原点(X:0，Y:0)，横轴为 X 轴，X 坐标值向右递增，纵轴为 Y 轴，Y 坐标值向下递增。窗体坐标与屏幕坐标同理，不过窗体坐标的坐标原点为应用程序窗体的左上角。

理解了上述两个坐标系的区别就知道该如何运用以上两个静态方法了。而本次实验使用了 Control. PointToClient 方法，将鼠标事件中捕获的点(Point)转换成窗体的坐标点。

(2)鼠标事件

鼠标事件按下列顺序发生：

①MouseEnter：在鼠标指针进入控件时发生。

②MouseMove：在鼠标指针移到控件上时发生。

③MouseHover/MouseDown/MouseWheel

MouseHover：当鼠标指针停放在控件上时发生；

MouseDown：当鼠标指针位于控件上并按下鼠标键时发生；

MouseWheel：当滚动鼠标滚轮并且控件有焦点时发生。

④MouseUp：当鼠标指针在控件上并释放鼠标键时发生。

⑤MouseLeave：当鼠标指针离开控件时发生。

实验内容和要求

创建只包含一个按钮的 Windows 应用程序，实现类似于 Visual Studio 窗体设计器的移动、拖拽按钮的功能。如图 45-1 所示。

图45-1 移动按钮程序主界面

实验步骤

(1)使用 Visual Studio 2008,新建 Windows 应用程序 ExMoveButton,并保存到适当的位置。

(2)修改 Form1 对应的 cs 文件名为 FormMovingButton. cs。

(3)修改窗体的 Text 属性为“0,0”。

(4)从工具箱中拖拽出一个 Button 控件,放置于窗体的任意位置,修改其 Name 属性为“buttonMoving”,Text 属性为“按住拖拽”。

(5)为 buttonMoving 添加 MouseDown、MouseMove 和 MouseUp 事件。

练习:通过单步调试观察鼠标事件的发生顺序。

(6)为 FormMovingButton 添加一个名为 flag 的 bool 型的私有字段。

(7)为各事件处理函数编写代码。

思考:变量 flag 的作用是什么?

实验回顾

(1)鼠标事件的发生顺序是什么? 按顺序写出。

(2)在 MouseDown 和 MouseUp 事件中捕获的鼠标位置是相对于________的坐标,应使用________方法将其转换为实验需要的坐标,而该方法为________方法。

(3)如果已知绘制虚线的方法,现要在移动按钮的同时在按钮外围绘制一圈虚线,应如何做,请简述思路。

实验46 键盘事件

实验目的

(1)理解并掌握键盘事件；

(2)理解并掌握按键的确定方法；

(3)理解使用枚举表示按键的意义。

背景知识

(1)键盘事件及其发生顺序

(2)Keys 枚举

表 46-1 列出了指定键代码和对应修饰符。

表 46-1 指定键代码和修饰符

成员名称	说明
A	A 键
Add	加号键
Alt	Alt 修改键
Apps	应用程序键(Microsoft Natural Keyboard,人体工程学键盘)
Attn	Attn 键
B	B 键
Back	Backspace 键
BrowserBack	浏览器后退键(Windows 2000 或更高版本)
BrowserFavorites	浏览器收藏夹键(Windows 2000 或更高版本)
BrowserForward	浏览器前进键(Windows 2000 或更高版本)
BrowserHome	浏览器主页键(Windows 2000 或更高版本)
BrowserRefresh	浏览器刷新键(Windows 2000 或更高版本)
BrowserSearch	浏览器搜索键(Windows 2000 或更高版本)
BrowserStop	浏览器停止键(Windows 2000 或更高版本)
C	C 键
Cancel	Cancel 键
Capital	Caps Lock 键
CapsLock	Caps Lock 键
Clear	Clear 键
Control	Ctrl 修改键
ControlKey	Ctrl 键

（续表）

成员名称	说　明
Crsel	Crsel 键
D	D 键
D0	0 键
D1	1 键
D2	2 键
D3	3 键
D4	4 键
D5	5 键
D6	6 键
D7	7 键
D8	8 键
D9	9 键
Decimal	句点键
Delete	Del 键
Divide	除号键
Down	下箭头键
E	E 键
End	End 键
Enter	Enter 键
EraseEof	Erase Eof 键
Escape	Esc 键
Execute	Execute 键
Exsel	Exsel 键
F	F 键
F1	F1 键
F10	F10 键
F11	F11 键
F12	F12 键
F13	F13 键
F14	F14 键
F15	F15 键
F16	F16 键
F17	F17 键
F18	F18 键
F19	F19 键

(续表)

成员名称	说 明
F2	F2 键
F20	F20 键
F21	F21 键
F22	F22 键
F23	F23 键
F24	F24 键
F3	F3 键
F4	F4 键
F5	F5 键
F6	F6 键
F7	F7 键
F8	F8 键
F9	F9 键
FinalMode	IME 最终模式键
G	G 键
H	H 键
HangulMode	IME Hangul 模式键(为了保持兼容性而设置;使用 HangulMode)
HangulMode	IME Hangul 模式键
HanjaMode	IME Hanja 模式键
Help	Help 键
Home	Home 键
I	I 键
IMEAccept	IME 接受键,替换 IMEAceept
IMEAceept	IME 接受键,已过时,请改用 IMEAccept
IMEConvert	IME 转换键
IMEModeChange	IME 模式更改键
IMENonconvert	IME 非转换键
Insert	Ins 键
J	J 键
JunjaMode	IME Junja 模式键
K	K 键
KanaMode	IME Kana 模式键
KanjiMode	IME Kanji 模式键
KeyCode	从键值提取键代码的位屏蔽
L	L 键

（续表）

成员名称	说　明
LaunchApplication1	启动应用程序一键（Windows 2000 或更高版本）
LaunchApplication2	启动应用程序二键（Windows 2000 或更高版本）
LaunchMail	启动邮件键（Windows 2000 或更高版本）
LButton	鼠标左按钮
LControlKey	左 Ctrl 键
Left	左箭头键
LineFeed	LineFeed 键
LMenu	左 Alt 键
LShiftKey	左 Shift 键
LWin	左 Windows 徽标键（Microsoft Natural Keyboard，人体工程学键盘）
M	M 键
MButton	鼠标中按钮（三个按钮的鼠标）
MediaNextTrack	媒体下一曲目键（Windows 2000 或更高版本）
MediaPlayPause	媒体播放暂停键（Windows 2000 或更高版本）
MediaPreviousTrack	媒体上一曲目键（Windows 2000 或更高版本）
MediaStop	媒体停止键（Windows 2000 或更高版本）
Menu	Alt 键
Modifiers	从键值提取修饰符的位屏蔽
Multiply	乘号键
N	N 键
Next	Page Down 键
NoName	保留以备将来使用的常数
None	没有按任何键
NumLock	Num Lock 键
NumPad0	数字键盘上的 0 键
NumPad1	数字键盘上的 1 键
NumPad2	数字键盘上的 2 键
NumPad3	数字键盘上的 3 键
NumPad4	数字键盘上的 4 键
NumPad5	数字键盘上的 5 键
NumPad6	数字键盘上的 6 键
NumPad7	数字键盘上的 7 键
NumPad8	数字键盘上的 8 键
NumPad9	数字键盘上的 9 键
O	O 键

(续表)

成员名称	说　明
Oem1	OEM 1 键
Oem102	OEM 102 键
Oem2	OEM 2 键
Oem3	OEM 3 键
Oem4	OEM 4 键
Oem5	OEM 5 键
Oem6	OEM 6 键
Oem7	OEM 7 键
Oem8	OEM 8 键
OemBackslash	RT 102 键的键盘上的 OEM 尖括号或反斜杠键(Windows 2000 或更高版本)
OemClear	Clear 键
OemCloseBrackets	美式标准键盘上的 OEM 右括号键(Windows 2000 或更高版本)
OemComma	任何国家/地区键盘上的 OEM 逗号键(Windows 2000 或更高版本)
OemMinus	任何国家/地区键盘上的 OEM 减号键(Windows 2000 或更高版本)
OemOpenBrackets	美式标准键盘上的 OEM 左括号键(Windows 2000 或更高版本)
OemPeriod	任何国家/地区键盘上的 OEM 句点键(Windows 2000 或更高版本)
OemPipe	美式标准键盘上的 OEM 管道键(Windows 2000 或更高版本)
OemPlus	任何国家/地区键盘上的 OEM 加号键(Windows 2000 或更高版本)
OemQuestion	美式标准键盘上的 OEM 问号键(Windows 2000 或更高版本)
OemQuotes	美式标准键盘上的 OEM 单/双引号键(Windows 2000 或更高版本)
OemSemicolon	美式标准键盘上的 OEM 分号键(Windows 2000 或更高版本)
OemTilde	美式标准键盘上的 OEM 波形符键(Windows 2000 或更高版本)
P	P 键
Pa1	Pa1 键
Packet	用于将 Unicode 字符当做键击传递，Packet 键值是用于非键盘输入法的 32 位虚拟键值的低位字
PageDown	Page Down 键
PageUp	Page Up 键
Pause	Pause 键
Play	Play 键
Print	Print 键
PrintScreen	Print Screen 键
Prior	Page Up 键
ProcessKey	Process Key 键
Q	Q 键

（续表）

成员名称	说　明
R	R 键
RButton	鼠标右按钮
RControlKey	右 Ctrl 键
Return	Return 键
Right	右箭头键
RMenu	右 Alt 键
RShiftKey	右 Shift 键
RWin	右 Windows 徽标键(Microsoft Natural Keyboard,人体工程学键盘)
S	S 键
Scroll	Scroll Lock 键
Select	Select 键
SelectMedia	选择媒体键(Windows 2000 或更高版本)
Separator	分隔符键
Shift	Shift 修改键
ShiftKey	Shift 键
Sleep	计算机睡眠键
Snapshot	Print Screen 键
Space	空格键
Subtract	减号键
T	T 键
Tab	Tab 键
U	U 键
Up	上箭头键
V	V 键
VolumeDown	减小音量键(Windows 2000 或更高版本)
VolumeMute	静音键(Windows 2000 或更高版本)
VolumeUp	增大音量键(Windows 2000 或更高版本)
W	W 键
X	X 键
XButton1	第一个 X 鼠标按钮(五个按钮的鼠标)
XButton2	第二个 X 鼠标按钮(五个按钮的鼠标)
Y	Y 键
Z	Z 键
Zoom	Zoom 键

实验内容和要求

编写 Windows 应用程序，实现禁止在文本框中输入非数字的功能，主界面如图 46-1 所示。

图 46-1 键盘事件程序主界面

实验步骤

(1)使用 Visual Studio 2008，新建 Windows 应用程序 ExKeyBoardEvent，并保存到适当的位置。

(2)修改 Form1 对应的 cs 文件名为 FormKeyBoardEvent. cs。

(3)修改窗体的 Text 属性为“只能输入数字”。

(4)从工具箱中拖拽出一个 TextBox 控件，修改 Name 属性为“TextBoxNumbers”。

(5)在 TextBoxNumbers 属性窗口的事件栏中为其关联 KeyPress 事件，并为该事件的处理函数编写代码，实现禁止输入非数字的功能。

思考：为什么关联的是 KeyPress 事件而非 KeyDown 事件，后者也能实现此功能吗？

实验回顾

(1)简述 KeyPress 事件与 KeyDown 事件的区别。

(2)如果禁止输入小写字母该如何实现？请简述思路。

实验47 记事本

实验目的

(1)理解并掌握对文件的读写操作方法；

(2)理解并掌握两种菜单控件,MenuStrip 和 ContextMenuStrip 的使用方法；

(3)能够为 Windows 应用程序选择适当的控件；

(4)理解并掌握.NET 通用对话框的用法；

(5)理解并掌握多窗体 Windows 应用程序的实现方法和窗体之间的调用关系；

(6)体会面向对象的编程思想。

背景知识

(1)名称空间 System.IO

对文本文件操作必须引入的 System.IO 命名空间,System.IO 命名空间包含允许读写文件和数据流的类型,提供基本文件和目录支持的类型,如 BinaryReader/BinaryWriter、Directory、DirectoryInfo、File、FileInfo、StreamReader/StreamWriter。

其中,Directory、DirectoryInfo 类中提供了对文件夹进行操作的方法,包括文件夹的创建、删除、复制和移动;File 和 FileInfo 类提供了对文件进行操作的方法,包括文件的创建、删除、复制和移动;StreamReader 和 BinaryReader 类实现对文件中包含内容的读操作;StreamWriter 和 BinaryWriter 类实现对文件内容的写操作。

(2)读写文件

文件是储存在媒体介质上的数据的有序集合,是进行数据读写操作的基本对象。所有输入输出的信息都是文件。文件按其组织形式大致可分为两种,顺序文件(Sequential file)和随机文件(Random file)。

①读写顺序文件包括的方法有:StreamReader 类的 Close()、Read()、ReadLine()、Peek()方法;StreamWriter 类的 Close()、Write()、WriteLine()、Flush()方法。

②读写二进制文件包括的方法有:BinaryReader 类的 Close()、Read()、ReadByte/ReadBytes()、ReadChar/ReadChars()方法;BinaryWriter 类的 Close()、Write()、Seek()、Flush()方法。

(3)两种菜单控件

两种菜单控件的本质是一样的,只是表现形式不同。

①MenuStrip 是主菜单控件,一般一个窗体只有一个主菜单控件,如果在一个窗体中拖拽了多个 MenuStrip 控件,就需要设置窗体的 MainMenuStrip 属性,指定其中的一个菜单为主菜单。.NET 提供了三种类型的菜单项,MenuItem 为普通菜单项,相当于一个可点击的按钮,一般为菜单项编写 Click 事件处理方法,以响应用户的请求;ComboBox 为组合框形式,用户可以点击下拉按钮选择事先提供的可选项;TextBox 为文本框形式,

允许用户直接进行输入。菜单项的几个常用属性如表 47-1 所示。

表 47-1 菜单项的常用属性

属性名	作 用
Name	菜单项的名字
Text	菜单项的文本,使用 & 字母的形式,可以提供菜单项的热键
ShortCutKeys	指定菜单项的快捷键
CheckOnClick	当属性值为 true,该菜单项表示一个可选项,用户可以通过是否选择该项决定应用程序提供的功能
Checked	表示用户是否选中了该菜单项,true 为选中,false 为未选中
CheckState	菜单项的选中状态,包括 Checked,Unckecked 和中间态 Interminate

②ContextMenuStrip 为弹出式菜单,当在某个控件上单击鼠标右键时,就会弹出该控件;其中的菜单项与 MenuStrip 是相同的;一个窗体中可以包含多个 ContextMenuStrip,设置控件的 ContextMenuStrip 属性,可以决定控件的弹出式菜单。

(4)窗体之间的调用关系

一个 Windows 应用程序中常常包含多个窗体,在其中一个窗体上进行某些操作时才会触发事件,弹出另一个窗体。默认地,.NET 为新建的 Windows 应用程序创建一个窗体,通过在解决方案资源管理器中右键单击项目名称,【添加】→【Windows 窗体】,可以为应用程序添加多个窗体。

默认地启动程序时会首先启动最先创建的窗体,通过修改 Main()函数中的代码"Application.Run(new 要首先启动的窗体类名());",可以将后来添加的窗体设置为启动窗体。将如下形式的代码添加到相应的事件处理方法中,可以通过事件触发,弹出新窗体:

```
新窗体类 新窗体对象名=new 新窗体类(参数列表);
新窗体对象名.Show() /ShowDialog();
```

调用窗体对象的 Close()方法,可以关闭一个窗体。

(5)可以通过添加窗体,修改窗体类来创建需要的窗体;.NET 提供了一系列创建好的窗体类,就是所谓的"通用对话框";在使用通过对话框时,不需要添加新窗体,只要像拖拽普通控件一样将对话框从工具箱中拖拽到窗体设计界面即可;显示通用对话框使用 ShowDialog()方法,可以获取用户在对话框上的选择;常用的通用对话框如表 47-2 所示。

表 47-2 常用的通用对话框

对话框	作 用
ColorDialog	颜色设置对话框
FolderBrowserDialog	文件夹浏览对话框
FontDialog	字体设置对话框
OpenFileDialog	打开文件对话框
SaveFileDialog	保存文件对话框

实验内容和要求

编写记事本程序，实现文本文件的打开、保存、新建、另存、编辑、修改格式和帮助等功能，主界面如图 47-1 所示。

图 47-1　记事本程序主界面

实验步骤

(1)使用 Visual Studio 2008，新建 Windows 应用程序 ExNotePad，并保存到适当的位置。

(2)修改 Form1 对应的 cs 文件名为 NotePadForm. cs，并修改其 Text 属性为"无标题—记事本"；参照记事本的功能和表 47-3 向窗体的设计界面拖拽相应的控件。

表 47-3　　记事本中需要使用的控件

控　件	命名(Name 属性)
格式对话框(FontDialog)	fontDialog
打开文件对话框(OpenFileDialog)	openFileDialog
保存文件对话框(SaveFileDialog)	saveFileDialog
文本框(TextBox)	textBoxFile
主菜单(MenuStrip)	mainMenu
上下文菜单(ContextMenuStrip)	contextMenu

(3)参照图 47-2～图 47-5 设置主菜单的菜单项。思考：如何为菜单项添加图中对应的热键和快捷键？

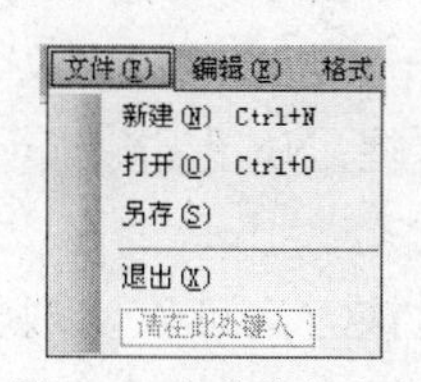

图 47-2　文件菜单内容

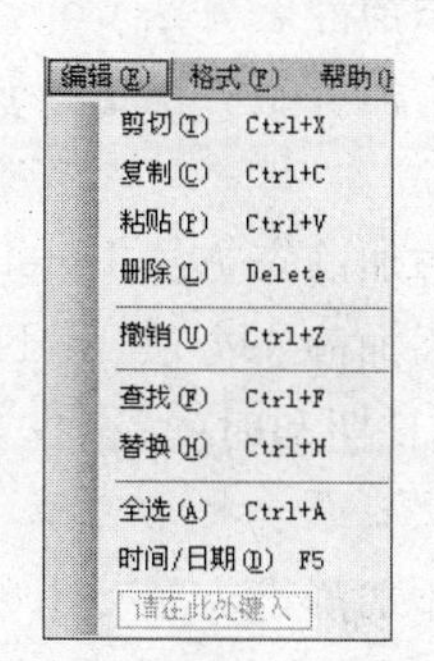

图 47-3　编辑菜单内容

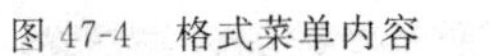
图 47-4 格式菜单内容

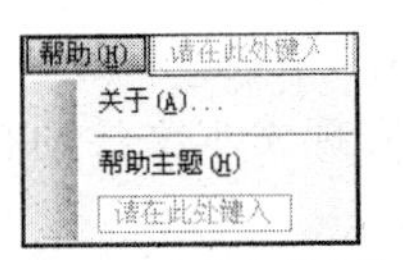

图 47-5 帮助菜单内容

(4)参照图 47-6 设置上下文菜单，并将该菜单设置为文本框 textBoxFile 的上下文菜单，即当程序运行之后，在文本框上点击鼠标右键，会弹出上下文菜单 contextMenu。思考：如何将控件和上下文菜单联系起来？

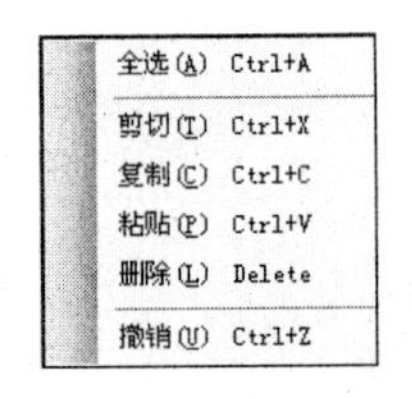

图 47-6 上下文菜单内容

(5)添加类 FileDealt 的文件 FileDealt. cs，该类实现文本文件的加载、保存功能。

①为类 FileDealt 添加静态成员方法 NewFile()，实现“新建”功能，将文本框的内容清空，思考该方法的输入和输出参数应如何设定；

②为类 FileDealt 添加静态成员方法 SaveAs()，将文本框中的内容保存到用户通过保存文件对话框选择的路径上，思考该方法的输入和输出参数应如何设定；

③为类 FileDealt 添加静态成员方法 OpenFile()，将用户通过打开文件对话框选择的文本文件内容显示在文本框控件上，思考该方法的输入和输出参数应如何设定；

④在窗体 NotePadForm 上双击对应的菜单项，在菜单的点击事件处理方法中调用上面添加的静态方法，并回忆实现静态成员方法调用的语法；

⑤思考：为了让用户只能打开 txt 为后缀名的文本文件，并只能把文本框中的内容保存到文本文件中，应对打开文件对话框 OpenFileDialog 和保存文件对话框 SaveFileDialog 的什么属性进行设置，如何设置？现有的保存功能，无论何时使用，都会弹出保存文件对话框，需要用户选择保存路径，如何使文件直接保存到上次保存的位置或者打开文件的位置？

⑥在上述的新建、保存和打开文件中还存在哪些问题？如何解决？

(6)添加类 FileEdit 的文件 FileEdit. cs，该类实现对文本内容的编辑功能；在这个类中大量使用了 TextBox 控件类提供的成员方法，学习这些方法，实现下面的实验步骤：

①为类 FileEdit 添加静态方法 Undo()，该方法将用户对文本进行的上一步编辑操作取消，如删除刚在文本框中输入的内容，或者将刚删除的内容恢复等；

②为类 FileEdit 添加静态方法 Cut()，该方法可以对文本框中选中的文本进行剪切；

③为类 FileEdit 添加静态方法 Copy()，可以对文本框中选中的文本实现复制功能；

④为类 FileEdit 添加静态方法 Paste()，实现将文本框中已进行复制的文本粘贴到光标所在的位置；

⑤为类 FileEdit 添加静态方法 Delete()，该方法可以删除文本框中选中的文本；

⑥为类 FileEdit 添加静态方法 AddTime()，该方法可以在文本框中文本的最后添加当前的系统时间，包括日期和时间；查找资料，掌握. NET Framework 提供了什么方法来获取当前系统的时间；

⑦为类 FileEdit 添加静态方法 SelectAll()，该方法可以实现文本框中文本的全选功能；上述 7 个方法都是对文本框中的文本进行编辑。思考：这些方法的输入和输出参数应

如何设置？

⑧选中 NotePadForm 窗体中对应的菜单项，在属性窗口中点击“⚡”图标，切换到菜单项对应的事件中，双击【Click】项，. NET 也会自动为菜单项生成点击事件处理方法，在其中调用上面添加的编辑方法。（思考，可以使用几种方法来生成菜单项的事件处理方法？）

(7)添加类 TextFind 的文件 TextFind. cs，该类实现对文本内容的查找和替换功能；并为项目添加 FindForm 窗体，该窗体中包含相应的文本框和按钮控件，用于用户输出要查找的文本，设置对应按钮的 DialogResult 属性。

①编写 FindForm 类的只读属性 FindStr，用于获取用户要查找的字符串；

②为 TextFind 类添加方法 Find()，该方法可以弹出查找对话框，在用户输入了查找字符串，并点击【确定】按钮后，在主窗体的文本框中对请求字符串进行查找；如果找到对应文本，就将其高亮显示；否则显示“没有找到”的提示信息；代码如下：

```
static public void Find(TextBox tbFile)
{
    FindForm findForm = new FindForm();
    if (findForm.ShowDialog() == DialogResult.OK)
    {
        int findPos=tbFile.Text.IndexOf(findForm.FindStr, tbFile.SelectionStart);
        if (findPos >= 0)
        {//找到了，将找到的文本高亮显示
            tbFile.SelectionStart = findPos;
            tbFile.SelectionLength=findForm.FindStr.Length;
        }
        else
        {
            MessageBox.Show("没有找到!");
        }
    }
}
```

参考上面的代码，思考，为什么在这里使用 ShowDialog()方法，弹出窗体？如何在文本框文本中找到查找文本？什么情况表明没有找到文本？如何将对应的文本高亮显示？如何在 Windows 应用程序中给出提示信息？

在主窗体 NotePadForm 中对应的菜单项 Click 事件处理方法中调用上面的方法；

③参考②中的代码和思路，为 TextFind 类添加 Replace()方法，该方法可以弹出替换对话框，用户在替换对话框中输入查找和替换的文本，将文本框文本中所有指定的查找文本替换为用户指定的替换文本，并弹出消息对话框说明替换的次数。

(8)将 FileFont 类添加到 FileFont. cs 文件中，用于修改文本框中文本的字体和决定文本是否换行显示。

①为类 FileFont 添加静态方法 SetFont()，在该方法中弹出字体设置对话框

FontDialog，并根据用户在该对话框中的设置修改主窗体文本框中文本的字体；为该方法设置合理的输入和输出参数；

②为类 FileFont 添加静态方法 IsWrap()，该方法应包含 bool 型输入参数，参数为 true 时设置文本框中文本的显示方式为自动换行；否则为不自动换行；思考此外还需要哪些输入参数及返回值类型？

③在主窗体中为对应的菜单项编写事件处理方法，使用上面的方法实现菜单的功能；当不选中【自动换行】菜单项时，文本信息会超出当前文本框的范围，也就是说只能看见左侧部分的文本，思考如何为文本框添加滚动条？

(9)将 Help 类添加到 Help.cs 文件中，用于显示帮助文件。

①将文件 notepad.chm 文件复制到当前项目的 debug 文件夹中，在 Help 类的 ShowHelpFile()方法中添加如下代码：

```
System.Diagnostics.Process.Start("notepad.chm");
```

该代码可以启动与应用程序执行文件在同一文件夹下的 notepad.chm 文件，如果要在 Windows 应用程序中启动 IE 浏览器，思考应该用什么代码实现？

②为项目添加一个 AboutForm 窗体，作为帮助窗体，在窗体上使用标签及其他控件显示当前项目的版本信息；在 Help 类中添加公共静态方法 ShowAbout()，该方法用于弹出 AboutForm 窗体，向用户显示版本信息；

③在主窗体 NotePadForm 中为对应的菜单项编写事件处理方法，调用上面两个方法，实现对应的功能。

(10)参照上面的步骤，体会面向对象的思想。思考，这里为什么使用静态方法？优点是什么？什么时候需要创建一个新的类？

实验回顾

(1)简述实现直接保存功能的思路。

(2)设置 OpenFileDialog 和 SaveFileDialog 这两个通用对话框的________属性，可以使它们只能打开或保存特定格式的文件，如果特定的文件格式为文本文件，该属性的值应设置为________。

(3)在文件的打开、保存和新建中，还存在什么功能上的问题？简述解决思路。

(4)步骤(5)中的方法都具有相同的输入参数和返回值类型，他们的输入参数应设定为________，返回值类型为________；步骤(6)中的方法输入参数和返回值类型也相同，输入参数应设置为________，返回值类型为________。

(5)设置文本框的文本是否为自动换行，应对文本框的________属性进行修改；控件的属性都可以直接在属性窗口中设置，也可以在代码中通过控件对象访问。

(6)当方法的执行效果和类的对象无关时，可以将该方法定义成________方法。

实验48 时钟程序

实验目的

(1)掌握修改窗体外观的方法;

(2)理解和掌握 GDI+中的相关操作,提高逻辑思维的能力。

背景知识

(1)GDI+是 GDI(Graphics Device Interface,图形设备接口)的增强版本,它为 Windows 应用程序开发者提供了一组用于图形图像编程的类、结构和枚举。使用 GDI+常用的命名空间:System. Drawing 和 System. Drawing. Drawing2D。

(2). NET Framework 类库支持开发者完全地访问 Windows GDI+。GDI+提供的服务大致可分为以下 4 种:绘制简单图形和复杂图形的类、绘制各种字体的文本、绘制位图和其他类型的图像、图形变换功能。其中最常使用的绘图类为 Graphics 类,通过 Graphics 实例可以调用 Draw 系列方法,绘制各种线条;调用 Fill 系列方法,填充各种图形。

实验内容和要求

编写 Windows 应用程序,实现如图 48-1 所示的小时钟程序。该时钟包含时、分、秒三条指针,每秒钟指针的位置变化一次,以符合当前的时间;时钟的背景为圆盘形,要有背景图片;可以使用鼠标拖拽时钟窗体。

图 48-1 时钟程序界面

实验步骤

(1)使用 Visual Studio 2008,新建 Windows 应用程序 ExClock,并保存到适当的位置。

(2)编写代码,修改窗体 Form1 的外观为圆形,并去掉窗体的标题栏,为时钟设置背景图。

(3)编写指针接口 IPointer,声明指针对应的相关属性和方法。

(4)对应时针、分针和秒针分别编写相应的类 HPointer、MPointer 和 SPointer,都继承接口 IPointer,实现其中的方法。

(5)拖拽一个计时器控件到窗体,并编写相应的 Tick 事件处理方法,绘制三个指针

(指针需要编写单独的类),实现每秒钟指针位置变化一次,符合当前的时间。

(6)添加鼠标落下和移动对应的事件处理方法,实现用鼠标拖动时钟的功能。

● 实验回顾

(1)要去掉窗体的标题栏,应将窗体的________属性值设置为________;将窗体设置为椭圆形外观,应在代码中修改窗体的________属性。

(2)当某件事情会每隔一段固定的或有规律的时间发生一次,就可以使用________控件实现;时间间隔通过设置该控件的________属性实现;对应功能在该控件的________事件处理方法中编写。

(3)系统当前的事件通过________可以获取。

(4)在上面的实验中,经常会产生在窗体上绘制多个指针的效果,即当指针移动时,指针原有位置的图形并没有消失,如何避免这样的错误?

实验49　俄罗斯方块*

实验目的

(1)理解并掌握绘制图形的基本方法;

(2)理解并掌握 ArrayList 的使用方法;

(3)理解并掌握俄罗斯方块的基本原理与核心算法;

(4)加深对面向对象编程思想的了解。

背景知识

(1)System.Drawing 命名空间

System.Drawing 命名空间提供了对 GDI+ 基本图形功能的访问。在 System.Drawing.Drawing2D、System.Drawing.Imaging 以及 System.Drawing.Text 命名空间中提供了更高级的功能。

Graphics 类提供了从绘制到显示设备的方法。诸如 Rectangle 和 Point 等类可封装 GDI+ 基元。Pen 类用于绘制直线和曲线,而从抽象类 Brush 派生出的类则用于填充形状的内部。

(2)ArrayList 类

使用大小可按需动态增加的数组实现 IList 接口。在执行需要对 ArrayList 排序的操作(如 BinarySearch)之前,必须对 ArrayList 进行排序。ArrayList 的容量是 ArrayList 可以保存的元素数。ArrayList 的默认初始容量为 0,随着元素的添加,容量会根据需要通过重新分配自动增加。可通过调用 TrimToSize 或通过设置 Capacity 属性减少容量。使用整数索引可以访问此集合中的元素。此集合中的索引从零开始。ArrayList 接受空引用(在 Visual Basic 中为 Nothing)作为有效值并且允许有重复的元素。

(3)俄罗斯方块的基本原理

俄罗斯方块是由俄罗斯计算机科学家阿列克谢·帕基特诺夫发明的,但其原名并非如此,而是俄语“Тетрис”,英语译为“Tetris”,即为四的意思。所以其规则如其名,每个图形由四个小方块组成,对应 ZSLJOIT 七个字符的形状。从数学的角度讲,这些图形就是保存在矩阵中的点阵,例如 I 的矩阵应为图 49-1 所示:

```
0100  0000
0100  0000
0100  1111
0100  0000
```

图 49-1　图形 I 的矩阵示意

七个图形所在的矩阵又可分为三类:2×2,3×3,4×4。除了 O 和 I 分别在 2×2 和 4×4 矩阵中,其他形状均可保存在 3×3 的矩阵中。

有了数学作支撑,在编程上就易于实现了。每个图形由四个方块组成,而只要将表示这四个方块的数字存放在一个二维数组中，一个图形就成形了。因为一个二维数组可以看做一个矩阵。

而从整体来讲，主体游戏界面则是一个更大的数组，不管是图形的移动也好，变形也好，还是整体清行都是对这个大数组的操作罢了。

(4)俄罗斯方块的算法实现

本实验提供两种算法作为参考。

算法一：将每个图形的每个不同形态硬编码到一个固定的数组中，图形的形态变化通过读取不同数组中的内容实现的。

算法二：仅为每个图形编制一个形态的二维数组，图形的变化是通过对该数组的操作实现变形的算法的，具体算法如下：首先要确定正在操作的图形的边长(即 n×n 矩阵的 n 值)，然后设 a 为要移动的点 a(i,j)，则移动后的点 b(j,n−i−1)。

不论使用哪种算法，有一点是不变的，即整体界面要保存在一个大数组中，本实验中的这个二维数组的大小为 10×15。

实验内容和要求

编写俄罗斯方块程序，实现开始、结束游戏，移动图形，清行，设定速度，计分，提示等功能。程序界面如图 49-2～图 49-4 所示。

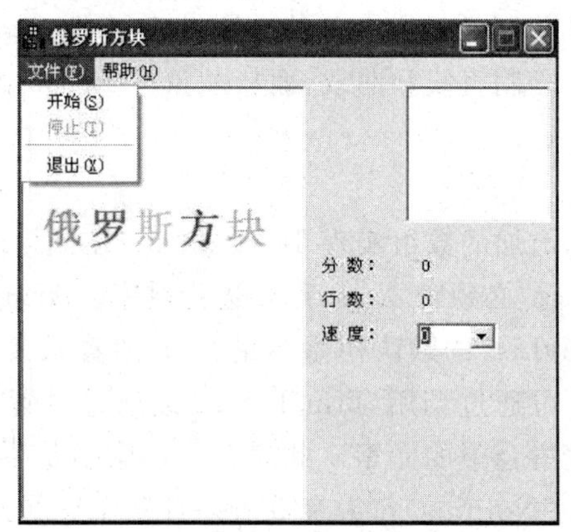

图 49-2 文件菜单

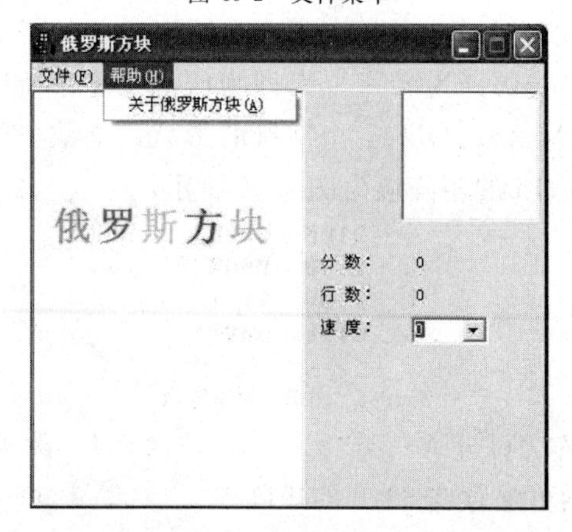

图 49-3 帮助菜单

图 49-4　游戏主界面

实验步骤

(1)使用 Visual Studio 2008,新建 Windows 应用程序 ExTetris,并保存到适当的位置。

(2)修改 Form1 对应的 cs 文件名为 FormMain. cs。

(3)修改窗体的 Text 属性为"俄罗斯方块"。

(4)从工具箱中拖拽出一个 MenuStrip 控件,将 MenuStrip 控件的 Name 属性改为"MainMenu",并参照图 49-2 和图 49-3 为其编辑菜单项。

(5)添加两个 Panel 控件,位置参照图 49-4,图左白框处的 Panel 控件重命名为 screenPanel,图右白框处略小的 Panel 重命名为"nextShapePanel"。将 screenPanel 的 BackColor 属性设置为"White",Dock 属性设置为"Left",Size 属性设置为"206,305"。将 nextShapePanel 的 BackColor 改为 White,并调整至适当大小。然后将两个 Panel 控件的 BorderStyle 均设为 Fixed3D 以表示凹凸效果。

(6)添加五个 Label 控件,按照表 49-1 修改其属性,位置参照图 49-4。

表 49-1　五个 Label 的属性

Name	Text
Label1	"分数:"
Label2	"0"
Label3	"行数:"
Label4	"0"
Label5	"速度:"

(7)添加一个 ComboBox 控件,点开智能标记(黑色三角号)编辑各项如图 49-5 所示。

(8)添加一个 Timer 控件并修改其 Name 属性为"timer",Interval 属性为"300",即计时间隔为 0. 3 秒。

(9)在解决方案资源管理器中,右键单击项目名称,在【添加】→【新建】项中选择类,改名为 Block. cs。添加 Block 类以实现绘制单个方块的功能。

①为类 Block 添加两个重载的公共构造函数 Block(int index,Point pt)及 Block(int

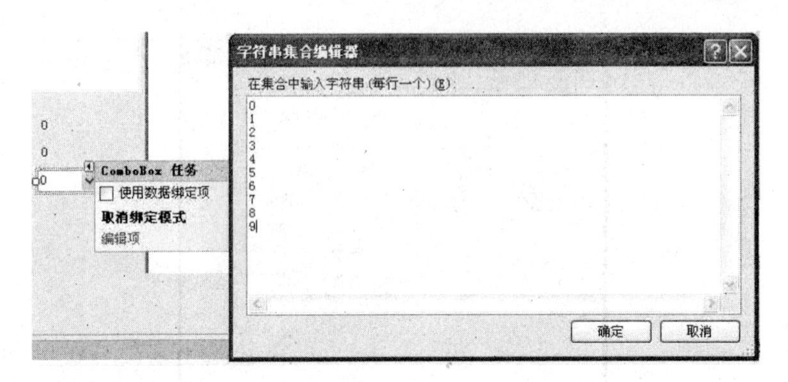

图 49-5 速度项示意

index,int x, int y)实现设置该方块颜色及位置的功能。

②为类 Block 添加两个重载的公共方法 Draw(Graphics g, Point ptStart, Bool clear)及 Draw(Graphics g),实现在指定位置绘制方块或将该方块绘成白色(与背景同色以达清除的效果)的功能。

③为类 Block 添加静态公共方法 GetColor(int index),根据颜色编号取得一个颜色(Color)对象。

④为类 Block 添加私有方法 GetDarkColor(int index),实现根据颜色编号取得一个偏暗的 Color 对象的功能。

⑤为类 Block 添加私有方法 GetLightColor(int index),实现根据颜色编号取得一个偏亮的 Color 对象的功能。

(10)添加类 Shape,实现绘制、旋转、清除图形等功能。

①为类 Shape 添加公共构造函数 Shape(int index),实现根据图形编号初始化图形的功能。

②为类 Shape 添加静态方法 InitTetrisDefine(),实现定义所有图形的功能。

③为类 Shape 添加公共方法 Create(int index),实现根据编号创建块链表数组,即建立图形的功能。

④为类 Shape 添加公共方法 Copy(Shape s),实现复制图形的功能。

⑤为类 Shape 添加公共方法 GetBlock(int index),实现根据序号取得某个块的功能。

⑥为类 Shape 添加重载的公共方法 Draw(Graphics g),Draw(Graphics g, Size sz)和 Draw(Graphics g, bool clear),实现绘制图形或清除图形的功能。

(11)添加类 Body,实现绘制游戏主体,生成和获取下一个图形,移动和放置图形,清行,重置游戏主体的功能。

①修改默认的构造函数 Body(),实现定义主体区域长度和宽度的功能。

②为类 Body 添加公共方法 SetNextShape(Shape s),实现设置下一个图形的功能。

③为类 Body 添加公共方法 Draw(Graphics g),实现在主体区域绘制图形的功能。

④为类 Body 添加公共方法 MoveShape(Graphics g, MOVE_TYPE m),实现根据移动类型来移动图形的功能。

⑤为类 Body 添加公共方法 ShapeCanPlace(Shape s),实现判断图形是否到底的

功能。

⑥为类 Body 添加公共方法 PositionHasBlock(Point pt),实现判断某个点是否有方块的功能。

⑦为类 Body 添加公共方法 PlaceShape(),实现放置图形的功能。

⑧为类 Body 添加公共方法 Reset(),实现重置主体区域的功能。

⑨为类 Body 添加公共方法 ClearLines(),实现清行的功能。

⑩为类 Body 添加公共方法 DrawNextShape(Graphics g),实现在主体区域绘制下一个图形的功能。

(12)为主窗体类 FormMain 添加方法,实现开始、结束游戏等相关功能。

①为类 FormMain 添加公共方法 DrawScreen(),实现根据游戏状态绘制主窗体内容的功能。

②为类 FormMain 添加公共方法 StartGame(),实现开始游戏的功能。

③为类 FormMain 添加公共方法 GetNextShape()和 GetNextShape(bool initGame),实现判断能否取得并放置下一个图形的功能。

④为类 FormMain 添加公共方法 DisposeShapeDown(),实现处理图形下落过程的功能。

⑤为类 FormMain 添加公共方法 ReDrawNextShape(),实现在下一图形显示区绘制下一个图形的功能。

⑥为类 FormMain 添加公共方法 GameOver(),实现结束游戏的功能。

⑦为类 FormMain 添加公共方法 DrawText(string text,Graphics g, Point pt, int font),实现在游戏主界面绘制文本的功能。

⑧为类 FormMain 添加公共方法 ChangeLines(),实现计分的功能。

⑨为类 FormMain 添加公共方法 SpeedToTime(int nSpeed),实现速度向时间间隔数值转换的功能。

(13)为 MainMenu 的各菜单项关联单击事件,通过调用函数实现各项功能。

(14)为 Timer 的 Tick 事件编写函数 OnTimer(),实现计时功能。

实验回顾

(1)如果本次实验中的 ArrayList 换成泛型的话,如何实现?简述思路。

(2)提供各种图形的命名空间是________。

(3)请提出一种新的算法实现俄罗斯方块或优化本实验中的算法。

实验50 图书管理系统

实验目的

(1)理解和掌握 MDI 技术;

(2)理解和掌握 ADO.NET 部分的知识;

(3)理解三层开发的思想;

(4)提高逻辑思维的能力。

背景知识

(1)ADO.NET

ADO.NET 是与 C#、.NET Framework 一起使用的类库的名称,用于以关系型的、面向表的格式访问数据。其中包括关系数据库,如微软的 Access、SQL Server,以及其他数据库,甚至还包括非关系型数据库。ADO.NET 技术是一种可以让程序员快速、高效地开发出数据库应用程序的技术,其对象模型是.NET Framework 的类库中能够对数据库中的数据进行操作的类的集合。

ADO.NET 实际包括了两个重要的组成部分:数据提供者,也称为.NET Framework 数据提供程序,它可以使编程人员顺利地连接到数据源,并执行各种 SQL 命令;另外一个是数据集(DataSet),它可以想象为内存中的一个数据库,它与数据源断开连接,不需要关心它的数据来源。

在编程时,常常使用的是 Microsoft SQL Server 数据提供者,其中包含了 4 个类对象:Connection 对象、Command 对象、DataReader 对象和 DataAdapter 对象。作为 ADO.NET 的另一重要组成部分,DataSet 表示数据在客户机内存中的缓存。它总是与数据源断开的,不关心数据的来源。为使 DataSet 与数据源相关联,需要使用 DataAdapter 作为中间桥梁。

ADO.NET 中的基本类包括:

Dataset:数据集,表示一组相关表,在应用程序中这些表作为一个单元来引用;

DataTable:对应 Dataset 中的一个表;

DataRelation:表示通过共享列而发生关系的两个表之间的关系;

Connection:提供到数据源的连接;

Command:用于对数据源发出指令,实现数据的增删改查;

CommandBuilder:用于构建 SQL 命令,在基于单一表查询的对象中进行数据修改;

DataReader:可以保存从数据源中读出的数据;

DataAdapter:可以执行针对数据源的各种操作,包括更新变动的数据,填充 Dataset 对象等。

以 SQL Server 2008 数据库为例,如果对该数据库中的表格进行操作,使用的名称空间主要包括 System. Data. SqlClient 和 System. Data；如果使用 Access 数据库，则名称空间 System. Data. SqlClient 将被 System. Data. OleDbClient 替换，其中的方法和类都非常类似。因此，只要掌握原理，不论要连接是哪种数据库，操作起来都是很容易的。

(2)三层开发

企业级的软件开发一般都比较复杂，因此常常采用分成开发的方法。所谓的“三层开发”，一般包括数据层、逻辑层和表示层。一般来说，分层开发就是将应用程序按照不同的层次结构进行划分，每一层的应用程序只完成一个方面的逻辑功能。采用分层开发后，可以对编程人员进行合理的分工，提高开发效率；这样开发出来的程序一般有更好的健壮性、扩展性和可维护性。在设计整个系统时，需要尽量减少各层之间的交互。通过分层开发方法，可以更好的开发企业级的、功能复杂的应用程序。

①数据层用于存放数据，以图书管理系统为例，数据层指数据中描述图书和借阅等信息的一系列表格；

②表示层用于数据的显示；

③逻辑层用于对数据进行操作，如对数据库表执行增删改查操作，并将操作结果传送到表示层，逻辑层是数据层和表示层的中间件。通常逻辑层也分为两个子层，一层用于描述数据层的数据，一层用于实现对数据的增删改查操作。也有的人将描述数据的子层归纳到数据层中。

在实际的应用中，三层开发中的数据层对应于数据库，而逻辑层的两个子层和表示层分别对应于一个解决方案下的三个应用程序；表示层的多为 Windows 或 Web 应用程序，而逻辑层的两个子层都是类库应用程序。

(3)MDI 多文档界面(Multi-Document Interface)技术

多文档界面由多个窗体组成，但这些窗体不是独立的。其中有一个窗体称为父窗体，其他窗体称为他的子窗体。子窗体的活动范围限制在父窗体中，不能将其移动到父窗体之外。多文档界面中的父窗体就是多文档窗体，即 MDI 窗体，该窗体的 IsMdiContainer 属性值为 true。它负责管理包含在其中的每个子窗体及其对它们的操作。子窗体实际上就是普通窗体。多个子窗体的样式可以相同或不同。子窗体的活动范围不是整个屏幕，而是主窗体的内部。注意，一个 MDI 应用程序只能有一个 MDI 窗体。

编程时设置主窗体的 IsMdiContainer 属性为 true，然后设置新创建的窗体的 MdiParent 属性设置为当前主窗体(可以使用 this)，那么新创建的窗体在显示时就成为当前主窗体的一个子窗体。

实验内容和要求

编写 Windows 应用程序，实现一个 cs 架构的图书管理系统。

(1)完成图书馆里系统中相应窗体的创建，以及窗体中控件的编辑，最终完成系统的表示层功能，主要窗体如图 50-1～图 50-4 所示。

(2)根据对表示层的要求，完成数据层的构建，创建图书管理系统对应的数据库，并完善其中的表之间的关系。

(3)根据对显示数据和用户操作的要求，完成图书馆里系统中逻辑层相关代码，并在表示层中调用逻辑层中的方法，实现对数据的操作。

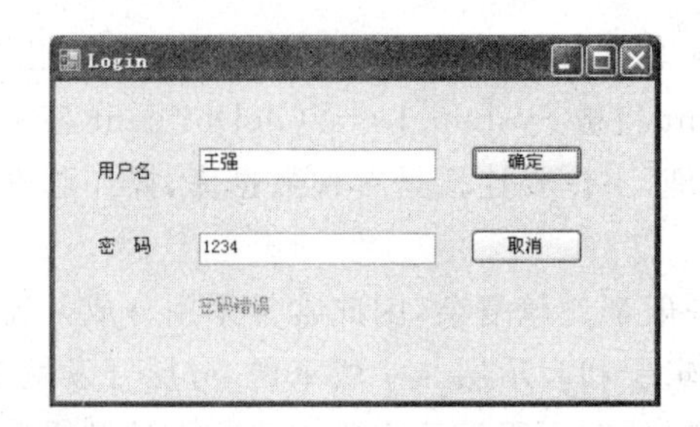

图 50-1 登录界面

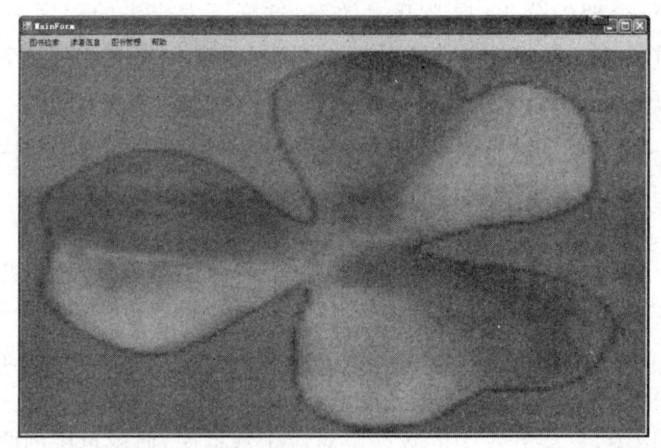

图 50-2 主窗体

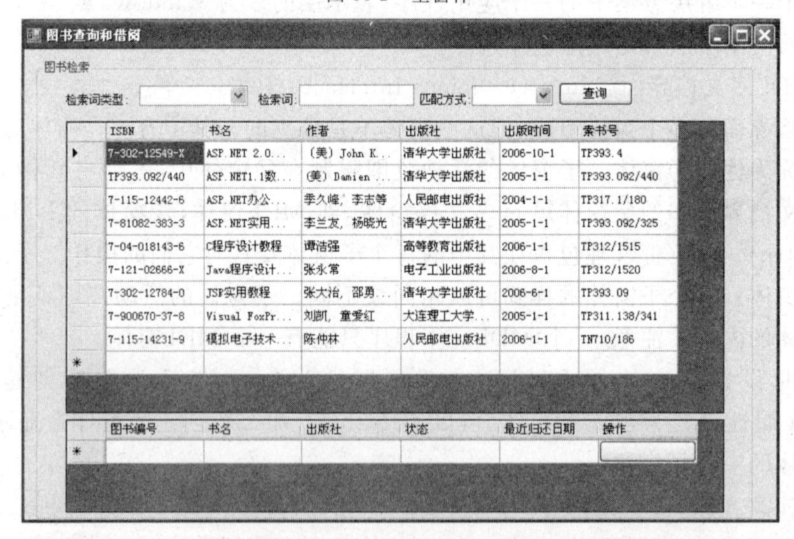

图 50-3 图书查询和借阅窗体

图 50-4 读者信息窗体

实验步骤

(1)使用 Visual Studio 2008,新建 Windows 应用程序 ExBookMIS,并保存到适当的位置。

(2)参照图 50-1～图 50-4 制作窗体,此外,还需自行创建添加图书和删除图书窗体;所有窗体中除登录窗体外,主窗体为父窗体,其余为其子窗体。

(3)完成各窗体上控件的拖拽和布局,并实现窗体之间的调用关系。

(4)在 SQL Server 2008 数据库中,新建数据库 MyLibrary,并添加 Book(图书表)、BookClass(图书分类表)、Borrow(图书借阅表)、Power(用户权限表)以及 User(用户表),设计各表格的字段,并为各表格添加相应的数据。

(5)使用 Visual Studio 2008,在 BookMISEx 解决方案下添加两个类库应用程序 Model 和 BLL。

(6)在 Model 应用程序中添加相应的类,以描述数据库中的数据结构。

(7)在 BLL 应用程序中添加相应的类和方法,以实现对数据库中数据的增删改查操作。

(8)在 BookMIS Windows 应用程序中,添加对 Model 和 BLL 项目的引用,并调用 BLL 中的类和方法,实现图书管理系统的功能,图书或用户的增删改查、图书的借阅和归还等。

实验回顾

(1)在三层开发中,________层对应了数据库中的一系列表格,________层为 Windows 应用程序或 Web 应用程序,________一般作为类库应用程序开发。

(2)在使用 SQL Server 2008 作为数据库时,在逻辑层中数据操作子层的各个类的 cs 文件中,除默认引入的名称空间外,还需要引入名称空间________和________,以实现对数据库表的增删改查操作。

(3)使用 ADO. NET 对数据库表进行增删改查操作的一般步骤为:

①创建________对象,对象名 conn,数据库连接字符串为 connStr,创建对象的代码为________;

②创建________对象,对象名为 cmd,要执行的 SQL 语句保存在 sqlStr 中,则在①的基础上创建该对象的代码为________;

③打开和数据库的连接,代码为________;

④执行 SQL 语句,可以使用的代码包括________、________和________,简述这三种语句的使用情景;

⑤关闭和数据库的连接对应代码为________。如果使用________和________对象来执行对数据库表的操作,也可以不执行打开或关闭数据库的操作,简述上面的步骤可以怎样修改。